数字安全 网络战

THE CYBER WAR OF DIGITAL SECURITY

周鸿祎 著

中国科学技术出版社
·北 京·

图书在版编目（CIP）数据

数字安全网络战 / 周鸿祎著 . — 北京：中国科学
技术出版社，2023.3（2024.1 重印）
ISBN 978-7-5046-9976-3

Ⅰ . ①数… Ⅱ . ①周… Ⅲ . ①计算机网络 – 网络安全
Ⅳ . ① TP393.08

中国版本图书馆 CIP 数据核字（2023）第 029965 号

策划编辑	申永刚　　杜凡如　　齐孝天	
责任编辑	申永刚	
版式设计	蚂蚁设计	
封面设计	冯　俊	
责任校对	邓雪梅	
责任印制	李晓霖	

出　　版	中国科学技术出版社
发　　行	中国科学技术出版社有限公司发行部
地　　址	北京市海淀区中关村南大街 16 号
邮　　编	100081
发行电话	010-62173865
传　　真	010-62173081
网　　址	http://www.cspbooks.com.cn

开　　本	710mm×1000mm　　1/16
字　　数	264 千字
印　　张	20
版　　次	2023 年 3 月第 1 版
印　　次	2024 年 1 月第 5 次印刷
印　　刷	北京盛通印刷股份有限公司
书　　号	978-7-5046-9976-3 / TP・449
定　　价	89.00 元

序一
面对数字安全新时代

当前，数字化浪潮滚滚而来，各行各业的数字化转型拓展了网络应用的广度与深度，数字经济成为全球新一轮科技革命和产业变革的重要引擎，正在开启人类数字文明的新时代。但数字世界并不平静，数字技术这把双刃剑被恶意利用带来新的安全挑战，网络安全已超越网络行业影响到数字社会，升级为数字安全。百年未有之大变局和国际形势的不确定性也表现在数字安全领域，数字安全已成为国际博弈的重要领域，以关键基础设施为重要目标的网络战走向前台，我国数字安全面临更加严峻的局面。网络安全的基础性作用日益突出，网络安全发展为数字安全的新一轮转型升级已迫在眉睫。

面对数字安全挑战，首先要居安思危强化数字安全意识，法规与管理先行。近年来，我国不断完善数字安全相关法规及标准，陆续出台了《中华人民共和国数据安全法》《国家网络空间安全战略》《中华人民共和国个人信息保护法》《网络安全审查办法》等，为数字安全的发展指明了方向。

在建立网络安全审查和评估制度方面，相关部门还开展了对平台的安全评估，以及对关键信息基础设施采购网络产品和服务活动的网络安全审查。通过每年组织的网络安全实战演练，发现基础设施和网络应用系统的安全漏洞，提升了国家重要部门与企业的网络安全防护能力。周鸿祎先生和360公司的建言献策与积极参与为网络安全实战演练专项行动做出了重要贡献。

令人欣喜的是，在政策引导下，我国网络安全产业进入了快速成长期，有效助力数字经济的发展，在保障国家关键基础设施安全运行上也发挥了不可替代的作用。以 360 公司为代表的一批国内网络安全厂商积极参与国家网络安全保障支撑，及时发现与防御外方对我国发起的网络攻击。

站在数字化建设的统筹高度，数字安全面临新的挑战，一个新的数字安全时代即将到来：

一是新冠疫情全球大流行让居家办公、网上学习、线上生活成为人们的长期习惯，网络深入到人们日常的工作、学习与生活中，随着网络泛在应用、用户角色增加、防护边界扩张带来了各类新型的数字安全风险，零信任安全应运而生。

二是第五代移动通信技术（5G）商用推进工业互联网发展，企业内外网关联增加了工业网络安全风险。

三是在智慧城市、物联网（Internet of Things，IoT）和车联网开启万物互联的同时，城市安全越来越受重视。

四是"上云"成为常态，算力的重要性凸显，在网络攻击中关键基础设施成为网络攻击首选，网络安全事件的危害性越来越大。

五是大数据应用强化了数据安全的地位，网络攻击从破坏到勒索、从偷取用户的个人隐私和流量劫持到掌控国计民生重要数据，而且基于人工智能技术实施高级持续性威胁（Advanced Persistent Threat，APT）攻击（定向威胁攻击），加大了发现和溯源难度。

六是逆全球化和冷战思维将网络战推向前台，黑客从散兵游勇向装备更精良的有组织行为发展。

由此可见，伴随数字技术更广泛和深入服务社会经济，它的安全问题更为严峻。如何解决上述问题，阅读《数字安全网络战》一书后，有以下思考和建议：

第一，建立体系化的数字安全机制。过去网络安全主要依靠以硬件为主的老三件——防火墙、入侵检测和防病毒，但面对不断增加的网络风险，单兵作战已经无法应对，数字安全需要打破各自为政，实现协同联防。

第二，强化免疫能力为本。在网络化、云化、虚拟化和智能化的数字技术背景下，从技术开发与网络设计开始，就要确立同步的安全理念，数字安全能力的提升需要与基础设施的建设同步，并融入其中。

第三，从以产品为中心转向以服务为中心。数字安全企业需要建立专业的服务队伍；需要将客户从销售对象转为合作对象，为客户提供个性化的安全服务；需要明确数字安全企业与客户间安全责任的边界，保护客户的数据安全与商业秘密。

第四，建设数字安全生态系统。数字安全生态要覆盖工业企业、设备供应商、基础电信运营商、云服务商、工业互联网平台运营商、工业应用提供商、数字安全企业、第三方检测机构与用户等，上下游都有维护数字安全的责任，并需要紧密合作，实现威胁与处置情报共享。

第五，夯实中小微企业数字安全能力。大多数中小微企业缺乏网络安全管理人才，数字安全服务企业要将数字安全能力模块化，以云化方式灵活服务中小微企业，降低它们使用数字安全服务的成本。

总之，数字安全已经成为涉及业务管理、流程、设施、技术、团队等多方面的复杂大系统工程，核心是自主可控的数字安全技术、产品和服务。

周鸿祎先生的最新专著《数字安全网络战》可谓适逢其时，这本书对数字安全的大量实例做了深入的思考与分析。尤其是首次披露的一些网络战内容，分析到位，对数字安全圈外的人来说可谓是闻所未闻。本书丰富的数字安全实例会让读者亲临其境感受到数字安全问题就发生在身边，激发数字安全防范的意识。

《数字安全网络战》一书回顾了我国及全球数字安全的发展史，展望数字安全领域发展的未来蓝图，提出了很多新颖的观点和建议，视野开阔，前瞻性好，实用性强。本书值得数字安全行业的从业者、政府与企事业单位的管理者、广大数字科技专业人员阅读，也希望数字安全上下游能够通力协作，一起为数字安全时代贡献中国方案！

邬贺铨

中国工程院院士

序二
从双刃剑到多棱镜

汉语里有一个词"双刃剑",是指一些既会带来显著利益又蕴含危害的事物。比如,数字技术是一把双刃剑。有意思的是,汉语里的"剑"本就包含"双刃"之意,单刃在汉语中一直被称为"刀",也鲜有听闻"单刃剑""三刃剑"或"四刃剑"的提法,所以这个词究竟是怎么回事呢?

也许有些人会通过场景来解释"双刃剑"的隐喻:当有人手持剑进行劈砍时,剑可能被反弹回来导致持剑者受伤。但在真实世界里,剑的主要用法是刺,刀才是用以劈砍的兵器。不但在中国冷兵器史上如此,即便在西方兵器史关于维京剑的 26 种经典分类法中,能够兼顾劈砍的剑也不占多数。由此观之,"双刃剑"用了一种实践中的特例凸显某种属性并加以引申,这显然并不是一个明智的选择。这就好比要表达因结构不完整而导致功能有缺陷的事物,用"跛脚鸭"就要比"三轮车"要恰当。

人类社会中类似"双刃剑"这样似是而非的隐喻数不胜数,几乎人人都能理解并使用它,也鲜少有人对此发出质疑,但只要稍一较真,我们就会发现无论是在形式上还是在实质上,自己都不清楚它究竟因何而来、又为何如此。尽管对它所指司空见惯,对它如何使用驾轻就熟,对它产生的影响也认为是理所当然,但我们对它的真谛实在是知之甚少。

数字安全(或是一般意义上讲的网络安全)是不是也如此呢?业界围绕这类问题的讨论和实践已经有数十年了,在经历了如此长期的讨论和实践基础上,我们是否对其有了足够深入的认识呢?

我以为可能还远远不够。并非我们不够努力，也并非我们不想谋定而后动，而是因为从技术上看，数字技术尚处于高速发展之中，其中蕴含的不确定性仍处于快速生发和积累的过程，且其裂变的速度往往超出了人们洞察力的边界。这种内在的不确定性使人类不得不面对"乌卡时代"（VUCA）的种种风险，而人类在运用技术时的理性不足无疑将进一步加剧各类风险再产生的可能性。就目前观察到的情形而言，可以确定的是数字技术引发的变革，其波及范围远远超出了技术领域，其社会影响之深远可能已超出当代人的想象。

"安全"的介入使得问题变得更为扑朔迷离。当今世界的安全问题本就充满着争议，甚至在安全的基本含义上就存在着重大分歧。汉语中"安全"一般是指确保自身利益不受实质性损害的状态，其所对应的威胁、危害、风险一般默认是出于一种动作或是行为，这是一种基于行为后果的安全理念。而当今西方社会语境下的 safety、security、secure 较之汉语"安全"还多了一层心理上不恐惧、不害怕的含义，那么 risk、danger、threat 等词中包含的主观感受也就较汉语中含义相对应的词的强烈得多。从这种表达差异上也许不难理解，为何美国政府 2022 年颁布的《国家安全战略》仅凭中国是"唯一既有意图，又有能力重塑国际秩序的国家"，就将中国定义为美国的国家安全挑战，因为这种心理上的自我恐惧已经内含在其安全观念的基本叙事之中。

即便抛开文字差异和社会历史文化背景不谈，仅就技术层面而言，数字安全也并非大众以为的可以用数理逻辑和国际通用符号来统一的标准范畴。从代码安全到数据安全、从信息安全到内容安全、从系统安全到网络安全，技术人员对相关问题的理解也是五花八门。这很大程度上是因为数字安全本就是一个实践先于理论的领域，毕竟在第一个蠕虫程序出现之前几乎没有人能预见到计算机病毒的存在，在 CIH 病毒肆虐之前也鲜少有人意识到软件漏洞足以摧毁硬件，在深度造假、僵尸网络出现之前恐怕多数人都没有想到，信息自由流动的时代最稀缺的竟然是真相和理性。而在数字技术无所不在的当今社会，又有多少人能够真正意识到，数字安全和网络战竟然成为影响甚至决定人类社会未来走向的关键因素呢？

数字技术是人类创造的，它和那些人类通过认识自然而获得并发展的技术工具有着本质差异。人类是数字技术毋庸置疑的造物主，但数字技术正在向着脱离其造物主掌控的方向迅猛发展，我们一度以为自己创造出来的是一个自得其乐、远离纷争的梦境，但在 2022 年俄乌冲突爆发后，即便是最迟钝的观察者，也已发现网络战的幽灵已经超越了传统的陆海空天的武装冲突模式，令全人类在面对战争时避无可避。恩格斯曾言："人类以什么样的方式生产，就以什么样的方式作战。"斯言极是。人类的造物已经如此强大，以至于它既可断人间是非，又能决人类生死。

或许已经有人意识到，人类正将数字技术推向一个"信仰"的高位，那是一个自启蒙运动人格超越神格、理性超越神谕之后就不曾被染指的位置。人类究竟要不要允许这一位置再次被占据？即便在此无法给出答案，但可以预见的是由于数字技术的发展和应用不可逆转，如果我们拒绝数字技术之幕笼罩众生，那么数字安全将是人类最后的屏障；而如果我们听之任之，那么数字安全也将成为人类不会再次堕入黑暗的关键。

面对影响如此宏大而深远的时代挑战，作为数字技术之剑的重要铸造者和执剑者，产业界不能缺位也不应缺位。

习近平同志指出："没有强大的网络安全产业，国家网络安全就缺乏支撑；没有强大的网络安全企业，就形成不了强大的网络安全产业。"[①]本书作者周鸿祎先生是网络安全产业的卓越代表，丰富的经验为他超越大众的思考提供了

---

① 习近平：《在全国网络安全和信息化工作会议上的讲话》（2018 年 4 月 20 日）。

重要支撑，他以最新颖而生动的实践为武器，庖丁解牛般拆解着数字安全领域一个又一个迷思。这种且行且思、不断由实践求真探索的精神值得敬佩。

人类历史一次次证明，我们有足够的智慧应对自身的各种安全挑战，无论这种挑战是来自自然界，还是来自人类本身以及人类的造物，人类的集体智慧和通力合作是我们在地球上百万年来繁衍壮大的根本保障，愿当今时代的人类能够跨越语言文字的隔阂，释放相互理解的善意，通过国际合作构建全球数字治理的多棱镜，将数字技术之剑明亮而单一的光芒发散开来，使人类得见其中的五彩斑斓，进入一片静谧的光谱秘境……

在《数字安全网络战》付梓之际，应邀写成上述文字，是以为序。

李韬

中国社会治理研究会数字治理分会会长

北京师范大学互联网发展研究院院长、教授

序三
数字文明时代的兵书

眼前的这本名为《数字安全网络战》的书，可以称为数字文明时代的一部兵书。

与其他兵书一样，它研究的是战争——人类社会最宏大、最复杂也是最残酷的竞争与对抗。与许多兵书相似，本书亦开宗明义，以"战"为自己冠名。诚如诞生于农耕时代的伟大兵书《孙子兵法》所言："兵者，国之大事，死生之地，存亡之道，不可不察也。"人类数千年文明史总与战争相伴，打了数不清的仗，即使如今我们已经踏入了数字社会的门槛，我们也仍然处于一脚天堂、一脚地狱的死生之地。生存还是死亡？这个问题，一直如影随形、萦绕于心，让人们难以摆脱。

此前，曾经有过一些研究信息战争、网络战争甚至是数字化战争的著作。这些书大多把信息战争、网络战争、数字化战争看作一种或几种新技术在战争中的运用，其中有的也看到并敏锐地指出了信息、网络、数字等技术在进入战争领域之后，对作战模式与战争形态所产生的巨大变化。然而，与这类战争著作不同，周鸿祎先生的这本《数字安全网络战》，第一次提出了"数字文明时代战争"的概念，并对它的内涵与特征进行了系统性的研究与阐释。把数字文明时代的战争与农业文明时代、工业文明时代的战争并列，凸显了对人类战争史大时代变迁的认知。这一概念无疑丰富了对战争的研究，给谁、什么时候、什么地点、为什么、如何进行等战争的源问题，增添了数百年甚至数千年里惊鸿一现式的"文明时代"要素，使人们对今天的战争，有了更具时代感和更显完整性的理解。

在这本书里，周鸿祎先生用大量事实告诉我们，数字社会具有三大特征：一切皆可编程；万物均要互联；大数据驱动业务。与之对应，一切皆可编程，也带来漏洞无处不在；万物均要互联，则产生虚实边界模糊的危险；大数据驱动业务，必然带来数据安全的巨大风险。软件开始吞噬世界，世界正在被软件重新定义：各式各样的硬件设备已标准化、数字化，彼此通过数码编程走向联网化，推动各类系统朝着数字化、智能化发展。通过软件互联技术，数以亿计的物联网设备、新终端设备都将直接暴露在网络上，使对虚拟世界的攻击直接转化为对现实世界的破坏。数字空间的安全风险，将会从传统网络空间蔓延到各行各业的数字化场景乃至整个社会。一旦网络空间遭到攻击，制造业、金融业、城市运转、社会治理都将受到全局性、全场景的破坏，给国家安全带来系统性的影响。正因如此，在数字文明时代，人类的生存状态更加脆弱，风险无处不在，战争亦并未远去。

面对数字时代的安全困境与存亡之道，大众往往是后知后觉甚至是无知无觉的。而360公司作为一家提供数字安全服务的头部公司，如同站在数字时代安全前沿的军队，必须承担起国家数字安全预警、维系数字安全的责任。它不仅要拥有发现数字安全风险的警觉，还要拥有能跟踪、研判并能妥善处置网络与数字风险的能力。值得欣慰的是，在近十余年里，360公司以"免费杀毒"入手，先是荡平了中国网络江湖上的小蟊贼，继而担当起国家数字安全的"预警机"，独立发现了99%的国家级网络攻击，成为能"顶天立地"支撑国家数字安全的巨擘。它能够做到这一点，与周鸿祎先生对数字安全领域的独到观察与思考、大量实践与深刻领悟有着直接关系。

从"震网"行动拉开首个国家级破坏性网络战的帷幕，到"永恒之蓝"以国家级网络武器进行的第一次全球性勒索攻击，再到2022年俄乌冲突中爆发数字空间史真正意义上的网络战，数字文明时代的战争逐步开启了自己的演化进程。《数字安全网络战》紧跟当今世界安全领域的最新变化，发现了数字时代的安全威胁，抉发精微，阐明幽隐，找到了恰当的处置方法，为数字时代的安全贡献了中国方案。因此，我愿意向每一位关注数字文明时代战争发展的军人、每一位关切数字安全问题的业内人士、每一位有可能面临数字安全风险的朋友，认真地推荐本书。

王湘穗

北京航空航天大学教授

中信基金会副秘书长

上山下海助小微，为数字安全时代贡献 360 方案

2021 年 9 月，在世界互联网大会乌镇峰会的开幕式上，我作为科技界代表受邀发言。当时，传统的消费互联网已经初步见顶，而新的产业互联网正在兴起，数字化深入各行各业，所以我认为互联网企业到了需要重新定位自己历史使命的时候。我在发言中，首次提出了科技报国的新使命、新定位——"上山下海"，即上科技高山，勇攀科技高峰，帮助国家解决"卡脖子"难题；下数字化蓝海，就是用数字安全服务帮助城市、政府、企业建立数字化业务场景的安全底座，助力数字经济、数字政府和数字社会建设。

随着数字化不断深入，所面临的安全挑战也与日俱增。2022 年 5 月，我参加了全国政协在京召开的"推动数字经济持续健康发展"专题协商会，并以"数字安全"为重点进行了发言，建议统筹发展与安全的关系，把握传统安全与非传统安全，将网络安全升级为数字安全，真正构建大安全体系，为产业数字化和数字经济保驾护航。

数字安全是一个整体，中小微企业是整个数字经济中的重要一环，却往往被社会所忽视，于是我在"上山下海"之后又提出"助小微"理念，帮助中小微企业实现数字化"共同富裕"，消除它们和大企业之间的数字鸿沟，做到数字安全一个都不能少，以此补齐国家数字安全屏障的短板。由此，360 公司确立了"数字安全服务商"的定位和"上山下海助小微"的新战略。

近 20 年来，我带领着 360 公司团队从免费安全起家，培养了以"看见"为核心的数字安全能力，帮助国家解决"看不见"的"卡脖子"问题，同时

将服务对象从个人消费者（To C）拓展到国家（To N），再运用服务国家的能力服务政企客户和中小微企业（To B），为数字安全时代贡献 360 方案。

数字化面临内外双重挑战，数字安全落后就要挨打

几年前我在社交媒体上写过这样一段话："2011 年 3 月 30 日，也就是 5 年前的今天，是 360 公司登陆纽约证券交易所的日子。2016 年 3 月 30 日，今天上午，股东大会通过了投票结果，意味着 360 公司从美国退市又往前走了一步。我内心感慨万千，从公司创业初期、'3Q'大战、美国上市、美国退市，一切像过电影一样在脑海里一幕一幕闪过。Mark 一下今天这个特别的日子，继续向前！"

当时，不管是新闻媒体，还是普通用户都感到十分疑惑："360 公司不是在美股混得好好的，怎么突然要退市了呢？"

其实，退市这个决定是经过多次讨论后才定下的。未来科技竞争的背后就是网络战，是对数字空间的争夺。随着安全业务的不断发展、进步，我对网络安全有了更加深刻的理解，安全行业跟其他行业最大的不同，在于它是未来数字空间的"国之大事"，因此一定要跟国家的利益、社会的利益、老百姓的利益保持高度的一致。

2018 年 2 月，360 公司正式回归 A 股（图 1）。此后数年间，中国互联网也经历了从消费互联网转型为产业互联网的重大变化，数字化正在开启数字文明时代。与此同时，安全形势也发生了翻天覆地的变化，安全风险也从传统的网络空间蔓延到了各行各业的数字化场景。

互联网上半场的主题是消费互联网，深刻改变了中国老百姓的生活方式。360 公司作为中国领先的互联网安全公司，服务了 10 亿用户，提升了全社会

图1　360公司回归A股上市仪式

的网络安全水平，同时也积累了世界规模最大的安全大数据、基于云查杀的大数据分析技术和顶尖的安全专家，建立了以安全大数据分析为核心的360云端安全大脑。

进入互联网下半场，产业互联网取代消费互联网成为新的主题，这就意味着各级政府和传统产业将成为数字化的主角。在《中华人民共和国国民经济和社会发展第十四个五年规划和2035年远景目标纲要》中，发展数字经济、建设数字中国已经成为我国经济高质量发展的重要抓手。在这种大背景下，产业数字化将是我们面临的全新机遇，所有的行业都值得用数字技术重做一遍，整个社会也将从工业文明时代迈入数字文明时代。

但是数字化程度越高，安全风险越大。数字化面临内外部双重安全挑战，安全风险升级。

从内在风险来看，一方面是数字技术的内在脆弱性导致安全风险更大。我总结了数字化的三大特征：一是一切皆可编程，软件只要是人编写的，哪怕是再高级的程序员，也不可避免会存在安全漏洞，新技术用得越多，漏洞就越多，安全隐患也越大；二是万物均要互联，打破了虚实世界的边界，在虚拟空间的网络攻击，也会影响到现实世界，而且一旦某一个领域发生数字安全事件，就会牵一发而动全身，阻碍数字化转型和数字经济的发展；三是大数据驱动业务，一旦数据遭到攻击，就会导致业务停滞，甚至无法运营。归根结底是软件定义世界，整个世界都建立在软件之上，数字化带来的风险前所未有。

另一方面是数字化新场景面临的安全挑战更加复杂。随着数字技术的广泛应用，带来了诸如大数据安全、云安全、物联网安全、新终端安全等复杂的安全挑战，而这些技术融入人类社会，与产业、城市深度融合，将带来关键基础设施、工业互联网、车联网、数字政府、智慧城市等更加广泛的数字化场景。

因此，数字化面临的安全挑战，不仅包括传统的计算机安全、网络安全，还包括新兴的大数据安全、人工智能安全、物联网安全，以及数字经济、数字政府、数字社会中各种应用场景的复杂安全问题。

从外部威胁来看，网络战、高级持续性威胁和专业化网络犯罪组织的威胁不断升级，未来安全无小事。从近些年轰动全球的安全事件来看，网络攻击造成的影响，已出现从虚拟世界向现实世界蔓延的趋势。

2021年5月7日，美国最大燃油管道运营商受黑客组织"黑暗面"（DarkSide）攻击，致使包括华盛顿特区在内的美国东部、南部17个州进入区域紧急状态。2022年初，俄乌冲突中网络战先于实体战争开打，可以说是人类历史上第一次数字战争。战场发展态势也说明数字产业落后就要挨打，数字安全落后更要挨打。

鉴于数字化在大国博弈中的重要性，许多国家纷纷加大对网络战的投入，成立"网军"，而过去的小蟊贼、小黑客逐渐成为历史。国家背景的网军、高级持续性威胁、有组织的网络犯罪已经成为当今世界网络安全最大的威胁。网络攻击的目标、手法、布局、挑战、造成的危害都突破常规，供应链攻击、勒索攻击、挖矿攻击等各种新攻击手段不断刷新人们的想象，网络安全威胁超越传统安全威胁，成为数字时代最大的威胁。

因此，我认为网络安全行业也应当重新定义，把计算机安全、网络安全升级到数字安全，才能配得上数字中国战略，才能跟得上国家的产业互联网发展要求，才能护航人类进入数字文明时代。为此，在2022年全国两会期间，我提交了题为《关于把网络安全升级为数字安全，筑牢数字安全屏障》的建议，提出将网络安全升级为数字安全，打造覆盖所有数字化场景的数字安全防范应急体系，把数字安全纳入新基建，各地数字化建设之初便将数字安全考虑在内，并互联互通，调集社会各方力量共同参与数字安全体系建设，真正提升国家的数字安全能力。

以"看见"为核心，360为数字安全时代贡献中国方案

2022年俄乌冲突是一次数字战争的预言，充分说明网络战已成为大国之间博弈的重要砝码，甚至成为战争的首选手段。网络战中的攻击就如同隐身战机，如果在网络战中"看不见"对手的动向，我们就会处于被动挨打的局面。因此，我们要应对不断升级的数字安全威胁，前提是要解决"看不见"的难题。

但现实中的普遍现象，是因为"看不见"，西方国家长期维持着对我国数字空间的单向透明优势。我国网络中一直存在"谁进来了不知道，是敌是友不知道，干了什么不知道"的重大问题，导致被攻击以后才知道，甚至被攻

击以后依然不知道，这就是中国的"卡脖子"难题。

2016年4月19日，习近平总书记在网络安全和信息化工作座谈会上指出"维护网络安全，首先要知道风险在哪里，是什么样的风险，什么时候的风险，正所谓'聪者听于无声，明者见于未形'。感知网络安全态势是最基本最基础的工作。"

所以说，数字安全的关键在于"看见"和处置，"看见"是核心需求。"看见"是处置的前提，"看见"和处置是一体之两面，既要"看见"，"看见"之后还能快速处置。只有首先"看见"战场、"看见"风险、"看见"对手、"看见"安全威胁全貌，我们才能做出有效响应和处置，如果"看不见"，一切都无从谈起。

为了应对网络安全威胁，360公司从"免费杀毒"切入安全市场，以互联网模式做好网络安全，没有传统安全的路径依赖，乱拳打死老师傅，蛮牛闯进瓷器店。在颠覆网络安全模式的同时，360公司投入200亿，聚集了2000名安全专家，积累了2000拍字节（PB）的安全大数据，用互联网模式和数字化基因塑造了数字安全的新模式，并打造全网数字安全大脑，形成独有的"看见"能力，服务国家，帮助国家构建了数字空间的"预警反导"系统。

360公司数字安全能力服务的第一个"大客户"就是国家。当积累了海量终端优势、云端分析优势、大数据优势后，我发现，这套体系优势的最大价值就是服务国家，帮助国家感知风险、"看见"威胁、抵御攻击。从To C到To N，360公司成为一家"顶天立地"的公司。这些年，99%的国家级网络攻击都是由360公司独立发现的，包括某大国国家情报部门针对我国长达十余年的网络攻击，我们相当于帮助国家打造了一套数字空间的"预警机"和"雷达"。

进入数字文明时代后，传统产业和政府、城市是数字化的主角。360公司以"看见"为核心，将基于 To C 和 To N 形成的能力体系提炼成数字安全大脑框架，重新定义安全，进入 To B 市场，以数字安全服务助力数字中国建设，由此制定了"上山下海助小微"的战略，把服务国家的能力框架提炼出来，复制给城市，复制给各行各业，包括用软件运营服务（Software as a Service，SaaS）免费输出给中小微企业使用，助力产业数字化发展，为数字安全时代贡献一套中国方案。

我觉得做安全的人都有点像希腊神话里的西西弗斯，有点傻气，有点理想主义。正是这点理想主义让我们一路狂奔，不敢松懈。我希望未来在各个数字化场景中，这样一套以"看见"为核心的安全服务框架可以成为它们的底座和盔甲，变成数字空间里的"预警机"和"雷达"，能够看见敌人的隐身飞机和巡航导弹。无论在什么样的数字化系统中，360 公司都希望能通过服务的方式帮助大家感知风险、"看见"威胁、抵御攻击，帮助城市、政府、企业尤其是中小微企业提高抗风险能力，为数字化转型保驾护航，为打造网络强国、建设数字中国、护航数字文明贡献力量！

目 录
CONTENTS

第四章　**外部威胁不断升级，未来安全无小事**

第五章　**"看不见"成传统网络安全最大痛点**

开篇

从小病毒
到网络战

安全行业的从业人员像希腊神话里的西西弗斯一样，每天辛辛苦苦推石头上山，哪怕石头又会落下来……

道高一尺魔高一丈，从计算安全到网络安全，再到数字安全。

数字技术在不断革新、数字场景在不断丰富，安全风险与安全挑战也更大。

西北工大事件、俄乌冲突、"震网"行动、永恒之蓝、油管事件……网络战，其实就发生在我们身边。

小则勒索一个企业，大则攻击一个国家，不分战时、平时，时时上演。

能够在安全行业坚持下来的人，我觉得都是理想主义者。

守护数字经济的健康发展，守护我们的岁月静好！

🌐 西北工大事件，境外情报机构对我国敏感机构的网络攻击

过去网络安全事件多是小蟊贼、小黑客引起的，目前国家级网络攻击已成为大国对抗的主流，"平战结合"已经是新常态。在这种情形下，我们应该假定己方网络已经被渗透和攻击的状态，即"敌已在我"。事实上，一些境外黑客组织早已将一些攻击软件、间谍软件潜伏或渗透到我国的关键基础设施及相关领域或系统中，以达到控制相关网络设备、窃取高价值数据的目的。

我在这里分享一个关于 360 公司（以下简称 360）揭秘某大国国家安全局对西北工业大学进行网络攻击的案例。2022 年 6 月 22 日，西北工业大学发布了一则《公开声明》称，学校遭到了境外组织的网络攻击。在得知相关信息的第一时间，中国国家计算机病毒应急处理中心和 360 就联合成立了技术团队，对攻击事件展开调查，全程参与技术分析。

技术团队经过不懈努力，对比了从多个信息系统和上网终端中捕获到的木马程序样本之后，全面还原了本次攻击事件的总体概貌、技术特征、攻击武器、攻击路径和攻击源头，得出的初步结论并没有出乎大家的意料，此次攻击来自某大国国家安全局下属的"特定入侵行动办公室"（Office of Tailored Access Operation，TAO），行动代号"阻击 XXXX"（ShotXXXX）。

此后 360 相继发布了两份报告，公布了 TAO 对西北工业大学发起的上千次网络攻击活动中，某些特定攻击活动的重要细节，为全球各国有效防范

和发现 TAO 的后续网络攻击行为提供可以借鉴的案例。

中国外交部发言人毛宁在例行记者会上回应，"该调查报告揭露了该国政府对中国进行网络攻击的又一个实例。"

接下来，我将 360 发布的相关报告核心信息综合如下，给大家还原本次 TAO 针对西北工业大学网络攻击的全貌。

一、攻击事件概貌

分析发现，该国国家安全局下属的 TAO 对中国国内的网络目标实施了上万次的恶意网络攻击，控制了相关网络设备（网络服务器、上网终端、网络交换机、电话交换机、路由器、防火墙等），疑似窃取了高价值数据。与此同时，该国国家安全局还利用其控制的网络攻击武器平台、"零日漏洞"（0day）和网络设备，长期对中国的手机用户进行无差别的语音监听，非法窃取手机用户的短信内容，并对其进行无线定位。经过复杂的技术分析与溯源，国家计算机病毒应急中心和 360 联合技术团队现已澄清该国国家安全局攻击活动中使用的网络资源、专用武器装备及具体手法，还原了攻击过程和被窃取的文件，掌握了该国国家安全局下属的 TAO 对中国信息网络实施网络攻击和数据窃密的证据链。

二、攻击组织基本情况

经技术分析和网上溯源调查发现，此次网络攻击行动是该国国家安全局信息情报部（代号 S）数据侦查局（代号 S3）下属 TAO（代号 S32）部门。该部门成立于 1998 年，其力量部署主要依托该国国家安全局在美国和欧洲的各密码中心。

目前已被公布的六个密码中心分别是：

1. 该国国家安全局马里兰州的米德堡总部；

2. 瓦湖岛的该国国家安全局夏威夷密码中心（NSAH）；

3. 戈登堡的该国国家安全局乔治亚密码中心（NSAG）；

4. 圣安东尼奥的该国国家安全局得克萨斯密码中心（NSAT）；

5. 丹佛马克利空军基地的该国国家安全局科罗拉罗密码中心（NSAC）；

6. 德国达姆施塔特基地的该国国家安全局欧洲密码中心（NSAE）。

TAO 是目前该国政府专门从事对他国实施大规模网络攻击窃密活动的战术实施单位，由 2000 多名军人和文职人员组成，下设 10 个单位：

第一处：远程操作中心（ROC，代号 S321），主要负责操作武器平台和工具，进入并控制目标系统或网络。

第二处：先进 / 接入网络技术处（ANT，代号 S322），负责研究相关硬件技术，为 TAO 网络攻击行动提供硬件相关技术和武器装备支持。

第三处：数据网络技术处（DNT，代号 S323），负责研发复杂的计算机软件工具，为 TAO 操作人员执行网络攻击任务提供支撑。

第四处：电信网络技术处（TNT，代号 S324），负责研究电信相关技术，为 TAO 操作人员隐蔽渗透电信网络提供支持。

第五处：任务基础设施技术处（MIT，代号 S325），负责开发与建立网络基础设施和安全监控平台，用于构建网络环境与匿名网络的攻击行动。

第六处：接入行动处（AO，代号 S326），负责通过供应链，对拟送达目标的产品进行后门安装。

第七处：需求与定位处（R&T，代号 S327），负责接收各相关单位的任务，确定侦察目标，分析评估情报价值。

第八处：接入技术行动处（ATO，编号 S328），负责研发接触式窃密装置，并与该国中央情报局和联邦调查局人员合作，通过人力接触方式将窃密软件或装置安装在目标的计算机和电信系统中。

S32P：项目计划整合处（PPI，代号 S32P），负责总体规划与项目管理。

NWT：网络战小组（NWT），负责与 133 个网络作战小队联络。

此案在该国国家安全局内部攻击行动代号为"阻击××××"（Shot××××）。该行动由 TAO 负责人直接指挥，由 MIT（S325）负责构建侦察环境、租用攻击资源；由 R&T（S327）负责确定攻击行动战略和情报评估；由 ANT（S322）、DNT（S323）、TNT（S324）负责提供技术支撑；由 ROC（S321）负责组织开展攻击侦察行动（图 0-1）。由此可见，直接参与指

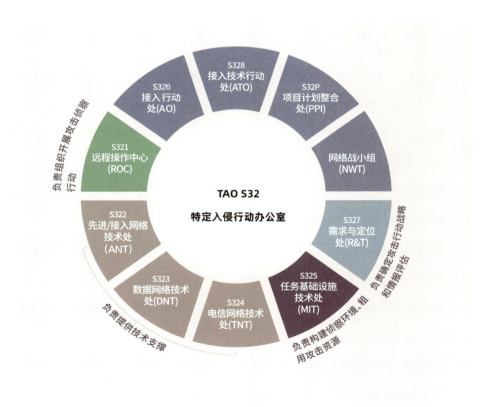

图0-1 TAO组织架构及参与代号为"阻击××××"行动的TAO子部门

挥与行动的，主要包括 TAO 负责人，S321 和 S325 单位。

该国国家安全局窃密期间的 TAO 负责人是罗伯特·乔伊斯（Robert Edward Joyce）。此人于 1967 年 9 月 13 日出生，曾就读于汉尼拔高中，1989 年毕业于克拉克森大学，获学士学位，1993 年毕业于约翰·霍普金斯大学，获硕士学位。1989 年进入该国国家安全局工作，曾经担任过 TAO 副主任，2013—2017 年担任 TAO 主任。2017 年 10 月开始担任该国国土安全顾问代理。2018 年 4—5 月，担任该国国务安全顾问，后回到该国国家安全局担任该国国家安全局局长网络安全战略高级顾问，现担任该国国家安全局网络安全局主管。

三、TAO 网络攻击实际情况

该国国家安全局 TAO 部门的 S325 单位，通过层层掩护，构建了由 49 台跳板机和 5 台代理服务器组成的匿名网络，购买专用网络资源，架设攻击平台。S321 单位运用 40 余种不同的该国国家安全局专属网络攻击武器，持续对我国开展攻击窃密，窃取了关键网络设备配置、网管数据、运维数据等核心技术数据，窃密活动持续时间长，覆盖范围广。技术分析中还发现，TAO 已于此次攻击活动开始前，就在该国多家大型知名互联网企业的配合下，掌握了中国大量通信网络设备的管理权限，为该国国家安全局持续侵入中国国内的重要信息网络大开方便之门。

经溯源分析，技术团队现已全部还原了该国国家安全局的攻击窃密过程，澄清其在西北工业大学内部渗透的攻击链路 1100 余条、操作的指令序列 90 余个，多份遭窃取的网络设备配置文件、嗅探的网络通信数据及口令、其他类型的日志和密钥文件。基本还原了每一次攻击的主要细节，掌握并固定了多条相关证据链，涉及在该国国内对中国直接发起网络攻击的人员 13 名，以及该国国家安全局通过掩护公司为构建网络攻击环境而与该国电信运营商签订的合同 60 余份，电子文件 170 余份。

四、该国国家安全局攻击网络的构建

经技术团队溯源分析发现，49 台跳板机均经过精心挑选，所有 IP 均归属于非"五眼联盟"国家，而且大部分选择了中国周边国家（如日本、韩国等）的 IP，约占 70%。

TAO 利用其掌握的针对 SunOS 操作系统的两个"零日漏洞"工具（已提取样本），分别为 EXTREMEPARR（该国国家安全局命名）和 EBBISLAND（该国国家安全局命名），选择了中国周边国家的教育机构、商业公司等网络应用流量较多的服务器为攻击目标。攻击成功后，安装 NOPEN（该国国家安全局命名，已提取样本）后门，控制了大批跳板机。

根据溯源分析，这些跳板机仅使用了中转指令，将上一级的跳板指令转发到目标系统，从而掩盖了该国国家安全局发起网络攻击的真实 IP。

目前，已经至少掌握了 TAO 攻击实施者从其接入环境（该国国内电信运营商）控制跳板机的 4 个 IP：

209.59.36.*

69.165.54.*

207.195.240.*

209.118.143.*

TAO 基础设施技术处（MIT）人员通过将匿名购买的域名和 SSL 证书部署在位于该国本土的中间人攻击平台"酸狐狸"（FOXACID，该国国家安全局命名）上，对中国境内的大量网络目标开展攻击。特别值得关注的是，该国国家安全局利用上述域名和证书部署的平台，对包含西北工业大学在内的中国信息网络展开了多轮持续性的攻击和窃密行动。

该国国家安全局为了保护其身份安全，使用了该国 Register 公司的匿名保护服务，使其相关域名和证书无明确指向，无关联人员。

TAO 为了掩盖其攻击来源，并保护"作案"工具的安全，对需要长期驻留互联网的攻击平台，通过掩护公司向服务商购买服务。

针对西北工业大学攻击平台所使用的网络资源共涉及 5 台代理服务器（图 0-2），该国国家安全局通过两家掩护公司向该国泰瑞马克（Terremark）公司购买了埃及、荷兰和哥伦比亚等地的 IP，并租用了一批服务器。

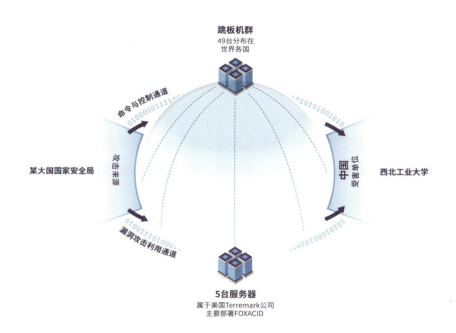

图0-2　某大国国家安全局对西北工业大学实施网络攻击

这两家掩护公司分别为杰克逊·史密斯咨询公司（Jackson Smith Consultants）、

穆勒多元系统公司（Mueller Diversified Systems）。

五、TAO 的武器装备分析

技术分析发现，TAO 先后使用了 41 款该国国家安全局的专用网络攻击武器装备，通过分布于日本、韩国、瑞典、波兰、乌克兰等 17 个国家的跳板机和代理服务器，对西北工业大学发起了攻击窃密行动上千次，窃取了一批网络数据。

该国国家安全局 TAO 部门的网络攻击武器装备针对性强，得到了该国互联网巨头的鼎力支持。同一款装备会根据目标环境进行灵活配置，在其使用的 41 款装备中，仅后门工具"狡诈异端犯"（该国国家安全局命名）在对西北工业大学的网络攻击中就有 14 款不同版本。该国国家安全局所使用武器工具类别主要分为四大类，分别是：

（一）漏洞攻击突破类武器

TAO 依托此类武器对西北工业大学的边界网络设备、网关服务器、办公内网主机等实施攻击突破，同时也用控制境外跳板机以构建匿名网络来实施攻击。此类武器共有 3 种：

1."剃须刀"

此武器可针对开放了指定 RPC 服务的 X86 和 SPARC 架构的 Solaris 系统实施远程溢出攻击，攻击时可自动探知目标系统服务开放情况并利用代码智能化选择合适版本的漏洞，直接获取对目标主机的完整控制权。

此武器用于对日本、韩国等国家跳板机的攻击，所控制跳板机被用于对西北工业大学的网络攻击。

2. "孤岛"

此武器同样可针对开放了制定 RPC 服务的 Solaris 系统实施远程溢出攻击，直接获取对目标主机的完整控制权。

与"剃须刀"工具不同之处在于，此工具不具备自主探测目标服务开放情况的能力，需由使用者手动选择欲打击的目标。

该国国家安全局使用此武器攻击控制了西北工业大学的边界服务器。

3. "酸狐狸"武器平台

此武器平台部署在哥伦比亚，可结合"二次约会"中间人攻击武器使用，可智能化配置漏洞载荷针对 IE、FireFox、Safari、Android WebKit 等多平台的主流浏览器开展远程溢出攻击，获取目标系统的控制权。

TAO 主要使用该武器平台对西北工业大学办公内网主机开展突破攻击。

（二）持久化控制类武器

TAO 依托此类武器对西北工业大学网络进行隐蔽持久控制，TAO 工作人员可通过加密通道发送控制指令，操作此类武器实施对西北工业大学网络的渗透、控制、窃密等行为。此类武器共有 5 种：

1. "二次约会"

此武器长期驻留在网关服务器、边界路由器等网络边界设备及服务器上，可针对海量数据流量进行精准过滤与自动化劫持，实现中间人攻击功能。

TAO 在西北工业大学边界设备上安置该武器，劫持流经该设备的流量，将其引导至"酸狐狸"平台实施漏洞攻击。

2. NOPEN 木马

此武器是一种支持多种操作系统和不同体系架构的控守型木马，可通过加密隧道接收指令，执行文件管理、进程管理、系统命令执行等多种操作，并且本身具备权限提升和持久化能力。

TAO 主要使用该武器对西北工业大学网络内部的核心业务服务器和关键网络设备实施持久化控制。

3."怒火喷射"

此武器是一款基于 Windows 系统且支持多种操作系统和不同体系架构的控守型木马，可根据目标系统环境定制生成不同类型的木马服务端，服务端本身具备极强的抗分析、反调试能力。

TAO 主要使用该武器配合"酸狐狸"平台对西北工业大学办公网内部的个人主机实施持久化控制。

4."狡诈异端犯"

此武器是一款轻量级的后门植入工具，运行后即自删除，具备提取权限功能，持久驻留于目标设备上并可随系统启动。

TAO 主要使用该武器实现持久驻留，以便在合适时机建立加密管道来上传 NOPEN 木马，保障对西北工业大学信息网络的长期控制。

5."坚忍外科医生"

此武器是一款针对 Linux、Solaris、JunOS、FreeBSD 等 4 种类型操作系统的后门，该武器可持久化运行于目标设备上，根据指令对目标设备上的指定文件、目录、进程等进行隐藏。

TAO 主要使用该武器隐藏 NOPEN 木马的文件和进程，避免其被监控发现。

TAO 在对西北工业大学的网络攻击中共使用该武器的 12 个不同版本。

（三）嗅探窃密类武器

TAO 依托此类武器嗅探西北工业大学工作人员运维网络时使用的账号口

令、生成的操作记录，窃取西北工业大学网络内部的敏感信息和运维数据等。

此类武器共有两种：

1. "饮茶"

此武器可长期驻留在 32 位或 64 位的 Solaris 系统中，通过嗅探进程间通信的方式获取 ssh、telnet、rlogin 等多种远程登录方式下暴露的账号口令。

TAO 主要使用该武器嗅探西北工业大学业务人员实施运维工作时产生的账号口令、操作记录、日志文件等，压缩加密存储后供 NOPEN 木马下载。

2. "敌后行动"系列武器

此系列武器是专门针对运营商特定业务系统使用的工具，根据被控业务设备的不同类型，"敌后行动"会与不同的解析工具配合使用。

在对西北工业大学运维管道的攻击中共使用了"魔法学校""小丑食物"和"诅咒之火"3 类针对运营商的攻击窃密工具。

（四）隐蔽消痕类武器

TAO 依托此类武器消除其在西北工业大学网络系统上的行为痕迹，隐藏、掩饰其恶意操作和窃密行为，同时为上述 3 类武器提供保护。

现已发现的此类武器只有 1 种：

"吐司面包"

"吐司面包"，此武器可用于查看和修改 utmp、wtmp、lastlog 等日志文件并清除操作痕迹。

TAO 主要使用该武器清除、替换被控的西北工业大学上网设备上的各类日志文件，隐藏其恶意行为。

TAO 对西北工业大学的网络攻击总共使用了 3 款不同版本的"吐司面包"。

六、TAO 攻击渗透西北工业大学的流程

TAO 对他国发起的网络攻击战术针对性强，通常采取半自动化攻击流程，单点突破、逐步渗透、长期窃密。

（一）单点突破、级联渗透，控制西北工业大学网络

经过长期的精心准备，TAO 使用"酸狐狸"平台对西北工业大学内部主机和服务器实施中间人劫持攻击，部署"怒火喷射"远程控制武器，控制多台关键服务器。利用木马级联控制渗透的方式，向西北工业大学内部网络深度渗透，先后控制运维网、办公网的核心网络设备、服务器及终端，并获取了部分西北工业大学内部路由器、交换机等重要网络节点设备的控制权，窃取身份验证数据，并进一步实施渗透拓展，最终达成了对西北工业大学内部网络的隐蔽控制。

（二）隐蔽驻留、"合法"监控，窃取核心运维数据

TAO 将作战行动掩护武器"坚忍外科医生"与远程控制木马"NOPEN"配合使用，实现进程、文件和操作行为的全面"隐身"，长期隐蔽控制西北工业大学的运维管理服务器，同时采取替换 3 个原系统文件和 3 类系统日志的方式，消痕隐身，规避溯源。TAO 先后从该服务器中窃取了多份网络设备配置文件。利用窃取到的配置文件，TAO 远程"合法"监控了一批网络设备和互联网用户，为后续对这些目标实施拓展渗透提供数据支持。

（三）搜集身份验证数据、构建通道，渗透基础设施

TAO 通过窃取西北工业大学运维和技术人员远程业务管理的账号口令、操作记录以及系统日志等关键敏感数据，掌握了一批网络边界设备账号口令、

业务设备访问权限、路由器等设备配置信息、文件传输协议（FTP）服务器文档资料信息。我们根据 TAO 攻击链路、渗透方式、木马样本等特征，关联发现 TAO 非法攻击渗透中国境内的基础设施运营商，构建了对基础设施运营商核心数据网络远程访问的"合法"通道，实现了对中国基础设施的渗透控制。

（四）控制重要业务系统，实施用户数据窃取

TAO 通过掌握的中国基础设施运营商的思科 PIX 防火墙、天融信防火墙等设备的账号口令，以"合法"身份进入运营商网络，随后实施内网渗透拓展，分别控制相关运营商的服务质量监控系统和短信网关服务器，利用"魔法学校"等专门控制运营商设备的武器工具，查询了一批中国境内敏感身份人员，并将用户信息打包加密后经多级跳板回传至该国国家安全局总部。

七、窃取西北工业大学和中国运营商敏感信息

（一）窃取西北工业大学远程业务管理账号口令、操作记录等关键敏感数据

TAO 通过在西北工业大学运维管理服务器安装嗅探工具"饮茶"，长期隐蔽嗅探窃取西北工业大学运维管理人员远程维护管理信息，包含网络边界设备账号口令、业务设备访问权限、路由器设备配置信息等。

遭到嗅探的网络设备类型包括固定互联网的接入网设备（路由器、认证服务器等），核心网设备（核心路由器、交换机、防火墙等），也包括通信基础设施运营企业的重要设备（数据服务平台等），内容包括账号、口令、设备配置、网络配置等信息。

1. 窃取西工大核心网络设备账号口令及配置信息

北京时间 20×× 年 12 月 11 日 6 时 52 分，TAO 以位于日本京都大学的代理服务器（IP：130.54.××.××）为攻击跳板，非法入侵了西北工业大学运维网络的"telnet"管理服务器，上传并安装 NOPEN 木马，然后级联控制其内网监控管理服务器，而上述 2 台服务器事先均已被安装"饮茶"嗅探工具。TAO 远程操控木马，检索并下载被压缩加密的监听记录文件，然后清痕退出。窃取数据包括路由器数据、核心网设备（核心路由器、交换机、防火墙）管理账号、口令、设备配置、网络配置等信息。

2. 多次窃取接入网认证设备账号口令及配置信息

（1）北京时间 20×× 年 5 月 30 日 0 时 28 分，TAO 以位于日本的代理服务器（IP：210.135.××.××）为攻击跳板，非法入侵了西北工业大学运维网络"telnet"管理服务器，上传并安装 NOPEN 木马，然后级联控制其内网监控管理服务器，这 2 台服务器事先均已被安装"饮茶"嗅探工具，TAO 远程操控木马检索并下载窃密记录文件后清痕退出。窃取数据包括接入网认证设备的账号、口令及配置信息。

（2）北京时间 20×× 年 7 月 4 日 1 时 12 分，TAO 利用位于德国莱比锡技术经济和文化学院的代理服务器（IP：141.57.××.××）作为攻击跳板，非法入侵西北工业大学运维网络"telnet"管理服务器，上传并安装 NOPEN 木马工具，级联控制其内网监控管理服务器等其他 3 台服务器，这 4 台服务器事先均已被安装"饮茶"嗅探工具，TAO 远程操控木马检索并下载窃密文件后清痕退出。

（3）北京时间 20×× 年 10 月 11 日 10 时 35 分，TAO 利用位于韩国首尔国立江原大学的代理服务器（IP：210.115.××.××）作为攻击跳板，非法入侵西北工业大学运维网络监控管理服务器，上传并安装 NOPEN 木马工具，然后级联控制其内网备份服务器、认证服务器等其他 4 台服务器，这 5 台服务器事先均已被安装"饮茶"嗅探工具，TAO 远程操控木马分别检索并下载窃取记录文件后清痕退出。

（4）北京时间 20×× 年 10 月 19 日 2 时 46 分，TAO 以位于韩国大田的高等科学技术研究学院的代理服务器（IP：143.248.××.××）为攻击跳板，非法入侵西北工业大学运维网络"telnet"管理服务器，级联控制其内网监管服务器等其他 2 台服务器，这 3 台服务器事先均已被安装"饮茶"嗅探工具，TAO 通过远程操控木马检索并下载窃密文件，然后清痕退出。

（二）窃取西北工业大学网络设备运维配置文件和日志文件

TAO 长期攻击入侵西北工业大学网络运维管理服务器，秘密窃取网络设备运维配置文件和日志文件。

1. 窃取西北工业大学网络运行日志文件

北京时间 20×× 年 3 月 2 日 3 时 41 分，TAO 通过位于日本的代理服务器（IP：210.135.××.××）非法入侵控制西北工业大学 1 台网络运维管理服务器。3 时 49 分，TAO 从该运维管理服务器横向移动到另一台运维监控服务器，以特定字符串为关键词检索日志文件，窃取了一批系统运行日志文件和系统日常自检报告备份文件。

2. 窃取西北工业大学服务器定期任务配置脚本

北京时间 20×× 年 10 月 11 日 10 时 41 分，TAO 通过位于韩国的代理服务器（IP：210.115.××.××）入侵控制了西北工业大学一台内网服务器。10 时 48 分，TAO 经过两次横向移动，入侵了另一台内网服务器，访问了特定目录下的定期任务配置脚本，共检索到 14 个用于定期执行任务的配置文件。随后，一次性窃取了这 14 个文件，这些文件可用于执行定期清理、备份、检查电源等操作。

3. 窃取西北工业大学服务器系统信息文件

北京时间 20×× 年 6 月 6 日 1 时 27 分，TAO 通过位于韩国的代理服务器（IP：222.122.××.××）入侵控制了西北工业大学一台内网服务器。2 时 4 分，TAO 经过两次横向移动，入侵了另一台内网服务器，访问了目录 /var/ 下的系统文件，窃取了 60 个常用的系统信息文件，被窃取的系统信息文件内容包含系统发行版本、用户密码（哈希密码）、用户权限、本地域名解析配置等。

（三）渗透控制中国基础设施核心设备

TAO 利用窃取到的网络设备账号口令，以"合法"身份进入中国某基础设施运营商服务网络，控制相关服务质量监控系统，窃取用户隐私数据。

1. 窃取中国用户隐私数据

北京时间 20×× 年 3 月 7 日 22:53，TAO 通过位于墨西哥的攻击代理 148.208.××.××，攻击控制中国某基础设施运营商的业务服务器 211.136.××.××，通过两次内网横向移动（10.223.140.××、10.223.14.××）后，攻击控制了用户数据库服务器，非法查询多名身份敏感人员的用户信息。

同日 15:02，TAO 将查询到的用户数据保存在被攻击服务器 /var/ tmp/.2e434fd8aeae73e1/erf/out/f/ 目录下，打包回传至攻击跳板，随后窃密过程中上传的渗透工具、用户数据等攻击痕迹被专用工具快速清除。

TAO 运用同样的手法，分别于北京时间 20×× 年 1 月 10 日 23 时 22 分、1 月 29 日 8 时 41 分、3 月 28 日 22 时 00 分、6 月 6 日 23 时 58 分，攻击控制另外一家中国基础设施业务服务器，非法多批次查询、导出、窃取多名身份敏感人员的用户信息。

2. 渗透控制全球电信基础设施

据分析，TAO 以上述手法，利用相同的武器工具组合，"合法"控制了全球不少于 80 个国家的电信基础设施网络。我国技术团队与欧洲和东南亚国家通力协作，提取并固定了上述武器工具样本，并成功完成了技术分析，协助全球共同抵御和防范该国国家安全局的网络渗透攻击，拟适时对外公布。

八、TAO 在攻击过程中暴露身份的相关情况

TAO 在网络攻击西北工业大学过程中，暴露出多项技术漏洞，多次出现操作失误。相关证据进一步证明对西北工业大学实施网络攻击窃密行动的幕后黑手，即为该国国家安全局，兹摘要举例如下：

（一）攻击时间完全吻合该国工作作息时间规律

TAO 在使用 tipoff 激活指令和远程控制 NOPEN 木马时，必须通过手动操作，从这两类工具的攻击时间可以分析出网络攻击者的实际工作时间。

首先，根据对相关网络攻击行为的大数据分析，对西北工业大学的网络攻击行动 98% 集中在北京时间 21 时至次日 4 时之间，该时段对应着该国东部时间 9 时至 16 时，属于该国国内的工作时间段。其次，该国时间的全部周六、日中，均未发生对西北工业大学的网络攻击行动。再次，分析该国特有的节假日，发现该国的"阵亡将士纪念日"放假 3 天，该国"独立日"放假 1 天，在这四天中攻击方没有实施任何攻击窃密行动。最后，长时间对攻击行为密切跟踪发现，在历年圣诞节期间，所有网络攻击活动都处于静默状态。依据上述工作时间和节假日安排进行判断，针对西北工业大学的攻击窃密者都是按照该国国内工作日的时间安排进行活动的。作案者肆无忌惮，毫

不掩饰。

（二）语言行为习惯与该国密切关联

技术团队在对网络攻击者长时间追踪和反渗透过程中发现，攻击者具有以下语言特征：一是攻击者有使用美式英语的习惯；二是与攻击者相关联的上网设备均安装英文操作系统及各类英文版应用程序；三是攻击者使用美式键盘进行输入。

（三）武器操作失误暴露工作路径

20××年5月16日5时36分（北京时间），对西北工业大学实施网络攻击人员利用位于韩国的跳板机（IP：222.122.××.××），使用NOPEN木马再次攻击西北工业大学。在对西北工业大学内网实施第三级渗透后试图入侵控制一台网络设备时，在运行上传PY脚本工具时出现人为失误，未修改指定参数。脚本执行后返回出错信息，信息中暴露出攻击者上网终端的工作目录和相应的文件名，从中可知木马控制端的系统环境为Linux系统，且相应目录名"/etc/autoutils"系TAO网络攻击武器工具目录的专用名称（autoutils）。

出错信息如下：

Quantifier follows nothing in regex；marked by <-- HERE in m/* <-- HERE. log/ at ../etc/autoutils line 4569

（四）大量武器与遭曝光的该国国家安全局武器基因高度同源

此次被捕获的、对西北工业大学攻击窃密所用的41款不同的网络攻击武器工具中，有16款工具与"影子经纪人"曝光的TAO武器完全一致；有23

款工具虽然与"影子经纪人"曝光的工具不完全相同，但其"基因"相似度高达 97%，属于同一类武器，只是相关配置不相同；另有 2 款工具无法与"影子经纪人"曝光工具对应，但这 2 款工具需要与 TAO 的其他网络攻击武器工具配合使用，因此这批武器工具明显具有同源性，都归属于 TAO。

（五）部分网络攻击行为发生在"影子经纪人"曝光之前

技术团队综合分析发现，在对中国目标实施的上万次网络攻击中，特别是对西北工业大学发起的上千次网络攻击，部分攻击过程中使用的武器攻击，在"影子经纪人"曝光该国国家安全局武器装备前便完成了木马植入。按照该国国家安全局的行为习惯，上述武器工具大概率由 TAO 雇员自己使用。

九、TAO 网络攻击西北工业大学武器平台 IP 列表

技术分析与溯源调查中，技术团队发现了一批 TAO 在网络入侵西北工业大学的行动中托管所用相关武器装备的服务器 IP 地址（表 0–1）。

表 0–1　TAO 网络攻击西北工业大学武器平台 IP 列表

序号	IP 地址	国家	说明
1	190.242.×　×.×　×	哥伦比亚	构建"酸狐狸"中间人攻击平台
2	81.31.×　×.×　×	捷克	木马信息回传平台
3	80.77.×　×.×　×	埃及	木马信息回传平台
4	83.98.×　×.×　×	荷兰	木马信息回传平台
5	82.103.×　×.×　×	丹麦	木马信息回传平台

TAO 在对西北工业大学进行网络攻击时所用的跳板 IP 如下（表 0–2）。

表 0-2　TAO 网络攻击西北工业大学所用跳板 IP 列表

序号	IP 地址	归属地
1	211.119.××.××	韩国
2	210.143.××.××	日本
3	211.119.××.××	韩国
4	210.143.××.××	日本
5	211.233.××.××	韩国
6	143.248.××.××	韩国大田高等科学技术研究学院
7	210.143.××.××	日本
8	211.233.××.××	韩国
9	210.135.××.××	日本
10	210.143.××.××	日本
11	210.115.××.××	韩国首尔国立江原大学
12	222.122.××.××	韩国 KT 电信
13	89.96.××.××	意大利伦巴第米兰
14	210.135.××.××	日本东京
15	147.32.××.××	捷克布拉格
16	132.248.××.××	墨西哥
17	195.162.××.××	瑞士
18	213.130.××.××	卡塔尔
19	210.228.××.××	日本
20	211.233.××.××	韩国
21	134.102.××.××	德国不来梅大学
22	129.187.××.××	德国慕尼黑
23	210.143.××.××	日本
24	91.217.××.××	芬兰
25	211.233.××.××	韩国

续表

序号	IP 地址	归属地
26	84.88.××.××	西班牙巴塞罗那
27	130.54.××.××	日本京都大学
28	132.248.××.××	墨西哥
29	195.251.××.××	希腊
30	222.122.××.××	韩国
31	192.167.××.××	意大利
32	218.232.××.××	韩国首尔
33	148.208.××.××	墨西哥
34	61.115.××.××	日本
35	130.241.××.××	瑞典
36	61.1.××.××	印度
37	210.143.××.××	日本
38	202.30.××.××	韩国
39	85.13.××.××	奥地利
40	220.66.××.××	韩国
41	220.66.××.××	韩国
42	222.122.××.××	韩国
43	141.57.××.××	德国莱比锡技术经济和文化学院
44	212.109.××.××	波兰
45	210.135.××.××	日本东京
46	212.51.××.××	波兰
47	82.148.××.××	卡塔尔
48	46.29.××.××	乌克兰
49	143.248.××.××	韩国大田高等科学技术研究学院

总结

综合此次该国国家安全局下属的 TAO 针对西北工业大学的网络入侵行径，其行为对我国国防安全、关键基础设施安全、社会安全、公民个人信息安全造成严重危害，值得我们深思与警惕：

面对该国国家安全局对我国实施长期潜伏与持续渗透的攻击行为，我国政府、各大中小企业、大学、医疗机构、科研机构以及重要信息基础设施运维单位等都应做好防范准备：一方面各行业、企业应尽快开展高级持续性威胁攻击自查工作，另一方面要着力实现以"看见"为核心的全面系统化防治。

面对国家级背景的强大对手，要知道风险在哪，是什么样的风险，什么时候的风险。因此，要逐步提升感知能力、看见能力、处置能力，在攻击做出破坏之前及时斩断"杀伤链"，变事后发现为事前捕获，真正实现感知风险、看见威胁、抵御攻击。

俄乌冲突，开启网络战向数字战的演化

2022 年开年最大的黑天鹅事件，非俄乌冲突莫属了。除了常规战外，其间还爆发了人类历史上第一次真正意义上的网络战。

网络战与传统战争结合，正在演变为数字战争，成为影响战争态势的重要力量。在俄乌开战前，网络战已经提前开打，乌克兰和俄罗斯双方的政府部门和银行、通信、电力等关键基础设施均遭受了网络攻击。另一方面，星链卫星、无人机、人工智能等数字化技术为各种武器装备赋能，融为一体。乌克兰获得高科技加持，弥补了战力弱势；而俄罗斯由于数字化程度落后，战场损失扩大。可以说这次是网络战与传统战混合、网军和民间黑客组织与网安公司混合、线上和线下混合的一场大型战争。

值得注意的是，俄乌冲突体现出的一些新的特点。

一是网络战成为全域作战的优先战力。本轮网络对抗可以分为两个时间段，以双方的武力对抗开始为分割线。

第一波网络战是在双方宣战之前：

2022 年 1 月 10 日，360 在荷兰捕获到处于测试阶段的 WhisperGate，该软件于 2022 年 1 月 13 日首次出现在被攻击对象乌克兰的系统上，伪装成勒索软件。

1月14日，乌克兰外交部、教育部、内政部、能源部等在内的多个政府网站因遭到大规模网络攻击而关闭。

2月2日，黑客组织"UAC-0056"针对乌克兰的攻击被披露。

2月12日，360截获Mirai、Gafgyt、ripprbot、moobot等僵尸网络攻击乌克兰方向指令。

2月15日，乌克兰国防部、武装部队等多个军方网站和银行的网站遭到大规模网络攻击而关闭。

2月18日，360捕获高级持续性威胁组织Gamaredon启用多个新的网络武器对乌克兰相关目标发起攻击，包含政府机构、医疗、军事后勤等。

2月23日，乌克兰境内多个政府机构（包括外交部、国防部、内政部、安全局及内阁等）以及两家大型银行（乌克兰最大银行Privatbank及国家储蓄银行Oschadbank）的网站再次沦为分布式拒绝服务攻击（Distributed Denial of Service，DDos）的攻击对象。

2月23日，在乌克兰数百台计算机上发现新型恶意数据擦除软件HermeticWiper（又名KillDisk.NCV）的第一个样本，其中样本的PE编译时间戳为2021年12月28日，涉及目标包括金融及政府承包商。

第二波网络战，则是在乌克兰时间24日清晨，俄罗斯向乌克兰正式宣战之后，乌克兰开始反击。

2月24日，乌克兰政府呼吁地下黑客组织参与防护网络攻击，Anonymous（匿名者）报名参加；相对应的，另一个全球顶级勒索黑客组织Conti则站在了俄罗斯一方，并强调："如果任何机构决定组织针对俄罗斯的网络实施攻击或任何战争活动，我们将利用所有资源对可能伤害俄罗斯关键基础设施的敌人进行反击。"

俄罗斯RT电视台称，其网站遭到分布式拒绝服务攻击，大约27%的攻击地址位于美国，攻击时间持续 6 小时。

俄罗斯国家互联网托管的俄罗斯军方网站（mil.ru）和克里姆林宫网站（krylin.ru）因此无法访问或加载速度很慢，托管克里姆林宫 .ru 网站的一整块互联网域名都受到了攻击。

在受到分布式拒绝服务攻击后，消息称俄罗斯政府似乎正在部署一种名为"地理围栏"的防御性技术措施，以阻止俄罗斯影响范围以外的地区访问其控制的某些网站，包括军事网站。

俄罗斯警告其国内关键基础设施运营商面临"计算机攻击强度增加的威胁"，并表示应考虑任何没有"可靠确定"原因的关键基础设施运行故障，可能是"计算机攻击的后果"。

2 月 25 日，Anonymous 在推特声称针对俄罗斯政府发动网络攻击，而非针对平民，已关闭 RT 电视台网站。

美国国家广播公司报道称，拜登已收到一份可供美国实施大规模网络攻击的选项，包括中断俄罗斯的互联网连接、关闭电力、篡改铁路道岔以阻碍俄罗斯为其部队补给的能力。随后，白宫否认考虑对俄罗斯进行网络攻击。

除了战争双方的网络攻击之外，这场"看不见的战争"的规模有愈演愈烈，甚至超出俄乌双方，卷入其他国家的趋势。

3 月 1 日，据彭博社报道，白俄罗斯铁路管理计算机系统遭到了入侵，开关装置和路由器被破坏，其中的数据也被加密。受此次攻击影响，该国明斯克市、奥尔沙市、奥西波维奇镇的部分列车停运。

3 月 2 日，360 发现匿名者黑客组织 AgainstTheWest 基于 Gogs 代码服务器问题发起代码窃密攻击，我国也是被攻击的目标之一。

3 月 3 日，黑客组织攻击了俄联邦航天局太空任务控制中心。

3 月 6 日，360 开启俄乌分布式拒绝服务攻击资产追踪。截至 4 月，发现全球有 31767 个，其中涉及我国资产 2238 个。

3月7日，鉴于网络环境逐渐恶化，Cloudflare、CrowdStrike 和 PingIdentity 3 家公司决定联合发起一个关键基础设施防御项目。

3月31日，360追踪确认匿名者AgainstTheWest为东欧东二时区黑客组织。

通过时间线（图 0-3）这样的梳理，相信大家能够清楚地了解，在双方常规武器的交锋之外，网络空间对抗的激烈程度也不遑多让。

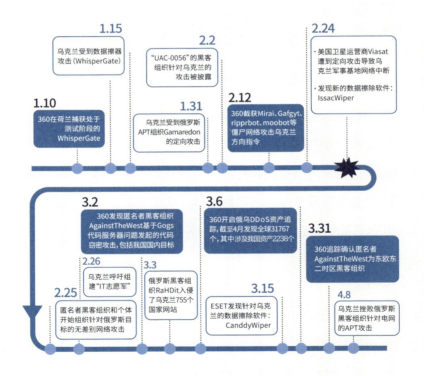

图0-3　360追踪确认黑客组织匿名者AgainstTheWest的时间线

网络战之所以会成为全域作战的优先战力，是因为它不分平时战时，攻击非常隐蔽，贯穿整个战争前中后期。在战前，网络战能提前布局，攻击行为能导致网站瘫痪、重要数据泄露、数据被擦除，影响政府和经济正常运行，造成社会恐慌。而一旦战争开打，又能够攻击军事基地使用的卫星宽带网络，支援作战行动，大规模打击通信、电力基础设施，破坏敌方作战能力，影响社会正常运转，还可以通过持续攻击对方政府网站、金融机构，破坏敌方战争潜力。而且，还可以发动大规模信息战、认知战，打击敌方士气，影响敌方社会舆论，全方位地影响战争局势。

二是俄乌冲突开启了网络战的人民战争，民间黑客成为作战生力军。乌克兰网军实力本来较弱，但是在冲突中能和俄抗衡，主要是它不再分军用民用。在这场冲突中，双方除了"国家队"，还吸引了许多民间力量加入到了这场乱局当中，开启了网络战的人民战争。比如在乌克兰一方，通过 telegram 组织了民间"IT 志愿军"。也是因为民间黑客组织的卷入，使得交战双方能够动用的网络战资源显著拓展。

据不完全统计，有超 50 个国际黑客组织卷入了俄乌网络冲突，其中 39 个公开支持乌克兰，针对俄罗斯政府、新闻媒体、关键基础设施发动了大规模网络攻击。乌克兰通过社交媒体招募的"IT 志愿军"，据称达到 30 万人。

比如俄乌冲突中的"匿名者"（Anonymous）就是全球最大黑客组织，主要分布于美国，其次为欧洲各国，非洲、南美、亚洲等地部分国家都有其分部。在 3 月 16 日，匿名者在推特上发文称，他们攻击俄罗斯一家核领域的国有企业，窃取到了大量的机密数据，并且泄露了一部分。除此之外，他们还攻陷了 300 多个俄罗斯政府、国家媒体和银行网站，可谓是"战功显赫"。

而在俄罗斯一方，除有国家背景的高级持续性威胁组织 ARMAGEDON、沙虫 APT–C–13、UNC1151 之外，还有专业的黑客组织 CyberBerkut、Ghostwriter、Free Civicilian、Cooming Project，以及勒索犯罪组织 Conti Ransomware、The Red Bandits 也发起了对乌克兰网络的攻击。

民间黑客混杂在正规网军当中，使得攻击者的身份真假难辨。从大混战中，我们也应该注意到，雄厚的民间网络安全力量对一个国家来说，平时为民，战时为兵，招之即来，来之能战，也具有十分重要的战略意义。

三是作战组织"社区化""众包化"，攻击行动马赛克化。由于此次网络战的参与者出现了大量民间黑客，而招募或组织网络民兵的途径也出现了"社区化"的新趋势，比如社交媒体、聊天室成为乌克兰招募"IT 志愿军"的大本营。他们通过 Instagram 等平台分发攻击任务、攻击工具。由此就使得这些"网络游击队"的攻击呈现出了攻击点多且分布广泛、攻击手段灵活多样等特点，给俄罗斯一方造成了很大的困扰。

具体来说，"IT 志愿军"采用 Telegram 频道进行任务分发与战场信息交换，有超过 30 万人订阅了该频道。在攻击工具方面，志愿军组织提供了多种分布式拒绝服务攻击工具，包含在线、短信和电话、可用网站、机器人和命令行等多种执行方式。

非常有意思的一个现象是，"IT 志愿军"组织为了聚集更多平民老百姓的力量，开发了一款"Play For Ukraine"版本的 2048 网页游戏，任何人只要在线玩这款游戏，就可以向俄罗斯发动分布式拒绝服务攻击。

四是攻击手段推陈出新，多种手段组合运用。本次网络战的攻击手段可谓是层出不穷，从高级持续性威胁攻击、分布式拒绝服务攻击、数据勒索或擦除攻击到 Web 攻击，再到漏洞利用攻击、供应链攻击，以及针对工控系统、物联网设备的攻击，凡是大家能够想到的方式，能够使用的技术，几乎是"无所不用其极"。

而且值得注意的是，大部分攻击都是综合性质的，也就是用了不止一种技术。

比如乌克兰国家机构遭受俄罗斯、白俄罗斯高级持续性威胁组织的鱼叉式钓鱼攻击，钓鱼电子邮件增加了 7 倍，而俄乌政府、军事、国防、新闻、银行网站均受到大规模分布式拒绝服务攻击，导致数千个网站和系统瘫痪，其中双方部分政府网站、新闻媒体网站、金融网站等遭受 WEB 攻击，大量数据被篡改，影响士气。同时，针对乌克兰政府机构及关键基础设施的关键计算机系统，植入 HermeticWiper 等数据擦除软件，达到深度致瘫效果。

据官方描述，相关高级持续性威胁组织正在进行供应链攻击、OctoberCMS（一款乌克兰境内广泛使用的 CMS 程序）漏洞利用和 Log4j 漏洞组合式的网络攻击破坏活动。

1 月 18 日，美国国土安全部下属的网络安全和基础设施安全局（CISA）发布乌克兰勒索攻击事件相关安全通告，通告称乌克兰的组织机构遭受了一系列恶意网络事件，包括分布式拒绝服务攻击、网站被黑和潜在破坏性恶意软件。其中破坏性恶意软件最让人担忧，因过往历史上有疑似假冒勒索软件（例如 NotPetya 和 WannaCry）的破坏性攻击，对关键基础设施造成了广泛破坏，网络安全和基础设施安全局要求美国的每个组织机构近期要采取紧急措施减缓潜在的破坏性攻击影响。

关于针对工控系统和物联网设备的攻击，我跟大家分享两组数据：匿名者对俄 900 多个工控目标发起攻击，包括 Rockwell、SIEMENS 和 Schneider 等厂商的设备；匿名者等黑客组织接管 400+ 台俄罗斯摄像头，并公开分享控制摄像头的实时信息。

五是网络战武器体系化、平台化。据媒体报道，自冲突开始以来，俄罗斯分批次投入 7 款数据擦除软件，比如 AcidRain、DoubleZero、

CaddyWiper，再比如前文中提到的 WhisperGate，这 7 款软件都是首次投入实战，但几乎都造成了重大的影响。此外，俄罗斯还调用了超过 5 个家族的僵尸网络，用于发起大规模分布式拒绝服务攻击，同样给乌克兰一方造成了困扰。这就是网络武器体系化的巨大威力。

除了体系化，网络武器平台化的趋势也十分明显。2022 年 3 月下旬，乌克兰安全局（SSU）宣布，他们分别在该国国内的哈尔科夫、切尔卡西亚、捷尔诺波尔和扎卡尔帕蒂亚等地发现了 5 个机器人农场，涉及 10 万多个传播假新闻的虚假社交媒体账户。

以上这些武器都显示出俄罗斯具备体系化、平台化网络武器储备，并能够快速迭代攻击载荷，有效规避对手网络防护体系。

六是网络安全公司走向网络攻防对抗前沿。 2022 年 3 月 10 日，美国网络司令部司令、国家安全局局长兼中央安全局局长保罗·中曾根将军表示："在实际入侵之前已经完成了大量工作，由美国网络司令部跨机构与一系列私营部门合作伙伴完成的工作，加强了乌克兰的基础设施。"这段话无疑向世人传递了一个十分明确的信息，私营部门合作伙伴，也就是网络安全公司已经走在了网络攻防对抗的最前沿。

比如在乌克兰一方，在对抗中发挥巨大作用的"IT 志愿军"，就是由该国网络安全公司 Cyber Unit Tech 向政府提议并组成的。大致时间线是这样的：

2022 年 2 月 24 日战前，Cyber Unit Tech 在乌克兰黑客论坛招募志愿者。

2 月 24 日战发，受乌克兰国防部委托组织网安专家小组。

2 月 26 日，乌克兰官方正式招募 IT 志愿军。

3 月 1 日，发布 Fuck Hack Russia 悬赏攻击活动。

此外，美国微软、CrowdStrike、SentinelOne、Cloudflare、Lookout、SafeBreach，欧洲 ESET、Bitdefender 等诸多民间网安公司也给乌克兰提供了大量的技术、信息、数据援助。

比如，俄罗斯的黑客组织提前在乌克兰的政府和关键基础设施里植入相关木马、病毒和恶意软件等。但对手也没闲着，早在 2021 年下半年，微软的一个工程师小组就秘密进入了乌克兰，清理了所有木马，并为乌克兰政府建立了相当于美军作战级别的防火墙系统。2 月 24 日开战前，俄罗斯网军向乌克兰发送木马唤醒程序，但被微软截获。进攻第一天，谷歌就开启了作战模式，在谷歌导航地图上，俄罗斯的手机无法查看路况，而乌克兰的手机则一切正常。在战前，谷歌就把乌克兰的相关网站都纳入了谷歌"神盾计划"保护之中。

在俄罗斯一方，大家耳熟能详的卡巴斯基公司也展现了强大的力量，基于规模巨大的终端安全软件用户数量，卡巴斯基公司既可以在攻击端植入病毒、开后门，也可以在防守端做即时拦截处置。因此，也成为被西方制裁的对象。

七是网络安全技术装备成为重要的跨国军事援助装备。2022 年 3 月 7 日，美国常务副国务卿温迪·谢尔曼表示："自 2017 年以来，美国已投资 4000 万美元帮助乌克兰发展其信息技术部门，北约盟国和欧洲伙伴也为帮助改善乌克兰的网络安全做出了重大贡献。"

以前大家听到军事装备援助，第一时间想到的可能是传统武器，比如飞机、坦克、火箭弹、枪支弹药等，很少会想到网络武器。但是在本次网络对抗中，以美国为首的西方国家提供给乌克兰的援助，除了资金和常规武器之外，还特别强调了网络武器的援助。

比如在 2022 年 2 月 24 日，欧盟组建网络专家小组，为乌克兰提供网络防御能力，检测、识别和缓解网络攻击威胁。参与国家包括立陶宛、克罗地亚、爱沙尼亚、荷兰、波兰和罗马尼亚等国。

3 月 4 日，北约合作网络防御卓越中心（CCDCE）接纳乌克兰成为该组织成员国，为其共享网络防御情报。

3 月 24 日，北约特别峰会决定，将向乌克兰提供六大类军援武器装备，其中就包括网络安全技术装备。

八是断网、断供、断服、断证书、断域名、断舆论等"六断"开启全面脱钩，意图将俄罗斯从数字空间中抹去。西方主要互联网公司，包括微软、IBM、谷歌、甲骨文等对俄罗斯发起"断网"行动、停止骨干互联网传输、停发 SSL 证书、停止域名解析、中断国际传输网络、停止各种软件和服务等。芯片和硬件供应商如英特尔、AMD 等对俄"断供"，脸书、推特禁止俄罗斯发声，一系列举措彻底将俄孤立。而俄由于缺乏市场化的数字产业生态支撑，完全处于被动挨打境地，对俄罗斯网络正常运转产生巨大冲击。

以"国际骨干网断网"为例，2022 年 3 月 6 日，据《华盛顿邮报》报道，全球最大的互联网骨干网供应商之一 Cogent Communications 切断了对俄罗斯的服务。在给俄罗斯客户的说明信中，Cogent Communications 解释道，停止服务的最大原因是"经济制裁"和"日益不确定的安全局势"。

根据互联网分析师 Doug Madory 的解读，俄罗斯电信巨头 Rostelecom、搜索引擎 Yandex 以及两大移动运营商都受到严重影响。

再比如"芯片断供"。3 月初，芯片制造巨头英特尔公司曾宣布停止向俄罗斯、白俄罗斯供应芯片产品。4 月 5 日，又宣布停止在俄罗斯境内的所有业务。

九是网络空间成为认知战的主阵地。 如今，网络社交平台已经全面取代电视台、报纸等传统媒体，成为战争信息传播的主阵地。俄乌冲突也可以说是首次社交直播时代的战争，在认知战层面，某种意义上是"得社交平台者得天下"。在这方面，乌克兰得到了西方主流媒体的支持，比如脸书（Facebook）、抖音国际版（TikTok）、油管（Youtube）、推特（Twitter）等公司或平台，这些公司通过图文信息、短视频、直播等碎片化内容占据平民的网络视野，在大数据算法推荐功能的帮助之下，进行了"洗脑式传播"，占据了舆论高地。

而俄罗斯一方，因为受到全面科技脱钩的影响，已经被排挤出了西方主流社交平台，发声渠道受限，完全处于下风。

十是战场数字化程度提升，网络战正在向数字战演进。 其实单从两国的综合实力对比来看，俄罗斯绝对是占据巨大优势的。但是，由于得到了西方集团在卫星、无人机、移动终端等方面的帮助，乌克兰的战场情报感知能力大幅度提升，弥补了战力弱势，比如因为情报能力催生的"滴滴打车"式作战方式。

根据国外媒体的报道，美军和北约每天会派出多架电子战飞机、侦察机和预警机，用来侦察俄罗斯军队的动向，与飞机同时"工作"的，还有美国的卫星。此外，根据《纽约时报》的报道，美军在欧洲各地的情报部门，也加大了对俄军的监听和情报获取力度。

在获取并分析了相关情报之后不到1个小时的时间，情报分析报告就会直接发送给乌克兰军方。有了这些情报，比如在某某地区，甚至会精确到某某高速公路上，出现俄罗斯的部队，并且数据会准确到有几辆汽车、几辆坦克。有的放矢的乌克兰特种部队小分队便可以像"滴滴打车"一样"接单"，对俄军发动精准的伏击战。

在相关的作战过程中，因为人工智能、人脸识别技术的应用，极大地提高了目标识别准确性，也就变相保证了攻击的精准度。比如有黑客组织窃取俄罗斯人在社交媒体上的各种人脸图片，发给美国和乌克兰，然后匹配乌克兰方面的无人机、传感器人脸识别数据，或者传给狙击手，对俄军将领进行精准打击，致使开战不久，就有数名将领被射杀。反过来看，在俄罗斯一方，就暴露出由于数字化程度落后的问题，武器装备的数字化赋能不足，导致战场进展不如预期顺利，损失扩大。

网络战与传统战争不同，它没有硝烟，没有战火，但却对一场战争起到了举足轻重的影响。网络战实际上每时每刻都在发生，虽然近在眼前，但大多数人看不见摸不着。而俄乌网络战相当于一次"开卷考试"，进行了一次网络战的真实预演，俄乌正在发生的网络中断、网站瘫痪、服务中止和信息混乱，未来同样可能发生在我国。通过这次俄乌冲突中实实在在的、影响范围非常大的网络战，足以说明我们的对手已经不是小病毒、小蟊贼，而是"真枪实弹"的黑客组织和国家级网军。就像我们在新闻报道中看到的一样，不论是政府部门的网站，还是道路系统、航空航天系统，一旦被攻破，就会影响到关键基础设施、社会运转、百姓生活等的安全，甚至国家安全。

俄乌冲突带来的启示是多层次多方面的。站在更高一个层面来看，我们还应该看到数字技术在这次俄乌冲突中所起到的巨大作用。借用"混合战争"的概念，俄乌双方打出了一场形态前所未有的战争，双方对抗的场域不仅在于军事领域，还包括了科技、金融、贸易、认知、舆论等领域，参与对抗的力量也远远超出了俄乌两国的范围，两国背后的支持力量以不同方式深度参与这场战争，这也导致参与作战的力量不分军民，民间黑客、科技企业甚至是普通网民都体验并参与了战局。简而言之，这是一场作战双方的全方位较量，在这场或许代表未来趋势的战争中，数字技术不仅贯穿全局而且至关重要，影响至少包括以下 5 个方面：

一是乌克兰凭借更先进的数字技术，在战场态势感知和情报支援方面取得优势，提高了作战精准性，弥补了战斗力上的相对弱势，得以和俄军在战场上形成相持局面；

二是网络战既是战前先导，也是战时行动，一方面俄罗斯实施了持续、大规模的网络攻击和破坏行动，另一方面乌克兰在西方国家支持下，在战前完成了国内网络加固，缓解了俄罗斯网络攻击的破坏效果；

三是网络安全企业实现了"技术参战"和"人员参战"，微软、ESET 等公司为乌克兰提供了大量的技术保障、情报支援和专家支援。同时，有人认为卡巴斯基在帮助俄罗斯抵御网络攻击方面也发挥了重要作用；

四是西方数字技术企业所实施的"六断"削弱了俄罗斯的战争潜力，芯片、软件、数字证书的切断，对俄罗斯国内后方的生产运转造成损失；

五是社交媒体、网络平台成为认知战的主战场，在西方打压下，俄方声音处于绝对弱势，左右了世界范围内的舆论导向，严重打击了俄罗斯前后方的作战士气和信心。

不得不说，数字技术在这场全方位较量中前所未有的重要。相比西方国家，俄罗斯数字技术无论在军事上，还是在科技上、产业上都处于明显劣势，而这种劣势很大程度上造成了战局被动。过去我们常说落后就要挨打，在全世界迈向数字文明时代的今天，数字技术落后就要挨打，数字安全落后更要挨打，因此要取得数字技术上的领先优势，就必须拥有强大的数字技术产业，构建完善的数字安全体系。

🌐 "震网"行动，和平时期首个国家级的破坏性网络战

俄乌冲突中的网络战，算是现实大战中第一次大规模的网络战，对于整场战争的走势有着举足轻重的影响。普通大众也可由此了解到，网络威胁攻击的不只是虚拟的软件、系统或者数据，对于现实世界中的事物也能造成或直接或间接的重大影响，网络安全事关国家安全。

《福布斯》杂志曾在 2019 年 12 月发布过一个榜单，评选出了 2009—2019 年这十年最有影响力的 12 款武器。其中我国也有 3 款武器上榜，都是大国重器。但是占据榜单首位的并不是广大军迷津津乐道的那些"热门"武器，而是"震网"（Stuxnet）病毒。该病毒用精准隐秘的"网络攻击"去颠覆现实世界的"核"。可以说"震网"行动的启动，再一次改变了世界，它开启了"网络战"的先河，并将网络世界与现实世界的边界打破。

时至今日，"网络战"以不损一兵一卒之力就能攻击一个国家，甚至产生世界"巨无霸"级的优势，逐步成为国与国对抗的首选。

那么这个"震网"病毒到底是何方神圣呢？我们还需要从 2006 年开始讲起。

2006 年，伊朗重启了核计划，在纳坦兹核工厂安装大批离心机，生产浓缩铀，为进一步制造核武器准备原料。虽然伊朗人雄心勃勃，但是计划进展

得却不是很顺利，核工厂设施运行得非常不稳定，离心机的故障率居高不下，核武器所急需的浓缩铀迟迟生产不出来。难言的麻烦令伊朗的实验员们无法安心："明明离心机质量合格，为什么一投入生产运行，就马上会产生磨损或破坏？"

2008 年，伊朗的国家领导人再次视察纳塔兹核工厂，以期解决这一难题，一台又一台崭新的离心机运往工厂，可结果却是一次又一次的失败，而且根本查不出原因。直到 2013 年，伊朗迫于无奈，不得不在这一年的日内瓦会议上宣布停止生产浓缩铀。

现在我们都知道了，伊朗的核设施之所以会出问题，是因为以某大国为首的西方集团联合另外几个国家实施了"震网"行动。作为全球第一个已知的国家级网络武器，它绝对算得上一鸣惊人。

"震网"病毒是一种非常典型的蠕虫病毒，是由某大国针对伊朗核计划特别研制出来的。作为全球首个投入实战舞台的"网络武器"，"震网"病毒不会通过窃取个人隐私信息牟利，它专为攻击伊朗核设施的工业控制系统而来。可以说，它是专门针对工业控制系统编写的恶意病毒，本质上利用 Windows系统和西门子 SIMATIC WinCC 系统的多个"零日漏洞"进行攻击。

2007 年，在伊朗人向坦兹安运送、安装离心机的同时，"震网"行动的间谍也随之而动，成功潜入了核工厂。

2007 年 9 月 24 日，"震网"病毒的第一批攻击代码研发完成，它能够关闭随机数量离心机上的出口阀门，致使铀能进不能出，这样就会提升离心机内部压力，损坏离心机，导致铀浪费。

由于纳坦兹的离心机网络是隔离的，离心机工程师只能用 U 盘把代码拷贝进离心机网络。因此，我们可以合理地推测，间谍要么是直接把带病毒的U 盘插到了离心机网络，要么是感染了工程师使用的 U 盘，间接地感染离心机网络。

2008 年，"震网"病毒成功影响了离心机。间谍再也没有回去过纳坦兹，恶意软件也被删除了。

2009 年，某大国为了进一步扩大战果，决定在当年 6 月以及在 2010 年的三四月更新"震网"病毒，提升破坏能力。

2010 年 7 月，"震网"病毒利用微软操作系统中至少 4 个漏洞，其中有 3 个在当时是全新的零日漏洞，其伪造驱动程序的数字签名，通过一套完整的入侵和传播流程，突破工业专用局域网的物理限制，利用 WinCC 系统的 2 个漏洞，对其开展破坏性攻击。

这一次可能由于他们失去了潜伏到纳坦兹的路径，选择了一个更容易被曝光的激进方案：散播无差别攻击传播的感染版本到五家纳坦兹的合作公司。这一次行动失控了，攻击迅速蔓延到这五家公司的合作伙伴、客户，安全公司最终发现了这一网络武器。如此一来，不仅伊朗境内的纳坦兹核工厂发生大规模爆炸，2000 多台离心机当场被炸飞，全球 45000 个网络也受到牵连，60% 的个人计算机也受到影响。

随后"震网"病毒首次被安全专家检测出来，成为世界史上首个超级网络破坏性武器。

2011 年 2 月，伊朗纳坦兹铀浓缩基地至少有五分之一的离心机因感染该病毒而被迫关闭。

2013 年 3 月，某大国再次利用"震网"病毒攻击伊朗的铀浓缩设备，致使伊朗核电站推迟发电。这一年的日内瓦会议上，伊朗迫不得已宣布停止生产浓缩铀。

基于"震网"病毒的一系列表现，其也获得了很多个全球公认的"第一"——世界上第一款军用级网络攻击武器，世界上第一款针对工业控制系统的木马病毒，世界上第一款能够对现实世界产生破坏性影响的木马病毒。

从攻击角度而言，"震网"行动改变了人们对武器的认知。如果能不损一兵一卒，就能于悄无声息间摧毁一国的电力、工业、能源等系统，那军事家们都将对其趋之若鹜。而这种非军事化手段的战争就是网络战，"武器"就是那些漏洞与病毒。

此外，人，是安全的尺度，是最重要也是最脆弱的操作资源，是网络安全组织中最强大也是最薄弱的环节。我们发现"间谍行动"通过打入敌方内部方式，获取重要情报信息，成为开启实施"震网"行动的"关键闸门"。此次间谍行动与古希腊"特洛伊木马"典故异曲同工，它们都指向一个道理：最坚固的堡垒往往是从内部攻破的。FBI和犯罪现场调查（CSI）等机构联合做的一项安全调查报告显示，超过85%的网络安全威胁来自内部，危害程度远远超过黑客攻击和病毒造成的损失。

应对当今的网络战，需注重两大挑战，一个是技术上的漏洞，一个是人的漏洞。技术上的漏洞不可避免，这时我们需要"看得见""守得住"的能力；而人的漏洞，我们则需要牢牢筑就管理好"身边人"防线，这里的人可能是内部人，还可能是伪装后的敌人。

永恒之蓝，国家级网络武器在民间的无差别攻击

如果说俄乌冲突中的网络战，是最近发生的举世瞩目的第一次国家级网军力量参与的世界网络战，那么更多的网络战是悄悄地发生在和平时期。发生在 2017 年的"永恒之蓝"，就是国家级网络武器在民间的一次大规模爆发，是一次典型的网络武器无差别攻击，也是第一次全球性的勒索攻击。

我记得当时是 2017 年 5 月 12 日 15:00 左右，同事和我说咱们 360 捕获了"永恒之蓝"的样本，我们立即启动了相关的应急响应程序，开始去寻找可能被感染的用户。

当天 20:44 左右，我们联系到了教育网第一个被感染的用户，并提取了样本进行比对分析。根据对比的最终结果发现，该恶意软件是一种勒索蠕虫软件，同时具备加密勒索功能和内网蠕虫传播能力，属于新型的勒索软件家族，危害极大。

不法分子利用的是某大国国家安全局旗下的"方程式黑客组织"2017 年 4 月使用的"永恒之蓝"网络武器，通过扫描开放 445 文件共享端口的 Windows，无须任何操作，只要用户开机上网，不法分子就能在电脑和服务器中植入执行勒索程序。受感染系统会在极短的时间内被锁定，所有的文件都会被加密，用户必须支付价值 300 美元的比特币才能解锁。如果不能按时支付赎金，那

些被加密锁定的数据就会被销毁，很有可能造成极为严重的损失。

鉴于这种状况，360把该事件定性为"网络军火民用化"，初步预测可能会爆发大规模安全事件。因此，我们提升了公司内部的应急体系，当晚就启动了橙色应急响应程序，并于13日早上启动了最高级的红色应急响应程序，体系内3000余名员工除有特殊情况外的全部到岗。

事件后续的发展果然如我们所料，安全事件在世界各地大规模爆发，造成了非常恶劣的影响。首先是国外，世界各地不断有媒体报道称遭受到了勒索软件的威胁。在大规模爆发后短短的几个小时之内，该勒索软件一共攻击了150多个国家，包括中国、俄罗斯、乌克兰、英国、美国、德国、日本、土耳其、西班牙、意大利、葡萄牙等。其中，美国1600多家机构、俄罗斯11200家机构受到了攻击。

值得强调的是，在受攻击的机构中，有很多是与人们生活甚至生命息息相关的产业，比如医院。英国就有多家医院受到了类似的勒索攻击，导致医院系统瘫痪，大量病患的诊断被延误。

相较于国外，国内的情况则更加严峻。

自12日晚间起，我国各大高校的师生陆续发现自己电脑中的文件和程序被加密而无法打开，弹出对话框要求支付比特币赎金后才能恢复，如若不在规定时间内提供赎金，被加密的文件将被彻底删除。随后，受攻击对象从高校向全国各地、各部门机构蔓延，国内教育、交通、金融、税务、公安等各行各业均受到不同程度的影响。

据360威胁情报中心监测到的数据显示，我国至少有29372个机构遭到攻击，这个数量是美国的17倍、俄罗斯的2.5倍。中国成为本次网络攻击的重灾区和最大的受害者，保守估计超过30万台终端和服务器感染，覆盖了我国几乎所有地区。

在受影响的地区中，根据受影响的程度不同，江苏、浙江、广东、江西、上海、山东、北京和广西排名前八位，加油站、火车站、ATM 机、政府办事终端等设备以及邮政、医院部分设施都"中招"，部分设备完全罢工，无法使用。

截至 2017 年 5 月 13 日 16:50，各主要行业均受到了"永恒之蓝"勒索蠕虫不同程度的攻击（图 0-4）。可以说，几乎各行各业均已不同程度沦陷。被影响的单位集中在能源、公安、教育、保险等行业，表现最好的行业是银行、运营商等。

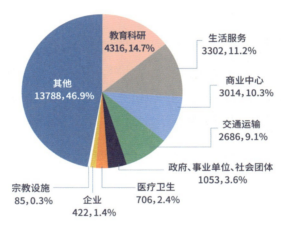

图 0-4　国内机构感染"永恒之蓝"勒索蠕虫的行业分布情况

可能有很多人都无法理解，为什么一个病毒能够在几个小时的时间里，影响全球 150 多个国家和地区。我可以给大家打个比方，当一名士兵带着一把性能优良的狙击枪回到古代参加战争，即便他只有一个人，同样能够完成百米之外取敌将之首级的降维式打击，而且对方根本理解不了这种现象。这就是国家级网络武器的民用化攻击的可怕之处。

"方程式黑客组织"使用的"永恒之蓝"网络武器就是那把狙击枪，在它面前，如果我们不迭代升级自己的防御能力，打造有效的终端防护措施，那么结果就只能像古代的将领一样坐以待毙。这也是本次安全事件中，我国的企业、机构大规模沦陷的原因。

从使用的工具手段暴露的某大国国家安全局工具库来看，以后类似的网络攻击可能会变成常态，有可能变成一年一遇，一月一遇，甚至一日一遇。因此，可以肯定地说，当前我们已进入网络武器民用化、民间攻击武器化的双向融合时代。

为了能够更好地应对未来愈加严峻的挑战，我们必须从俄乌冲突、永恒之蓝勒索事件以及类似的网络攻击中吸取教训，总结经验：

第一，国家已经建立了网络安全应急工作的管理机制和体系，但应急手段严重不足。在发生"永恒之蓝"勒索蠕虫之类的大型攻击事件时，看不到一线的情况，情况无法汇集，基本上处于"闭着眼睛指挥作战"的状况，无法对安全事件进行集中的应急管理和响应处置。近期的俄乌网络冲突更是显示了极端情况下以城市为核心的网络安全应急的重要性和迫切性。

但是目前我国在网络空间应急上存在巨大的能力短板，突出表现为缺乏应对复杂网络攻击的应急作战管理体系，不足以应对网络战这样大规模、高级别、高技术、高烈度的网络攻击。面对网络战的现实危险，建议以建设数字安全弹性城市为目标，建立平战结合的城市数字安全应急管理体制机制。建立由政府、企业、社会组织等多方参与的扁平化数字安全应急协同机制，组建专业化专家应急队伍，实现威胁情报共享、联防联控和统一指挥调度。立足复杂情况，定期组织城市级的护网演练，提升应对重大网络安全事件的协同效率。立足最坏情况，定期开展重要行业的网络安全推演，对应急预案进行缺陷测试，对应急队伍进行压力测试，提升关键信息基础设施保护能力。

第二，越来越多的安全事件表明，终端是网络攻击的发起点和落脚点，对隔离网的攻击多数是通过终端进行渗透的，攻击成功后会通过终端窃取数据并迅速扩散。在未来，因为网络的持续移动化，终端的地位将更加重要。

此外，安全大数据的采集也要通过终端开展，网络终端是建立国家安全大数据的基本单元，因此，终端安全在网络安全体系中处于绝对的核心。

以这次的"永恒之蓝"勒索蠕虫攻击事件为例，之所以普通网民受影响面较小，正是因为 360 安全卫士及其他国产安全软件覆盖率超过 90%，客观上形成了一道安全屏障，才避免了攻击事件在民间大面积爆发。

建议从威胁的角度出发，针对敏感、关键的网络环境开展固网行动，推动 EDR 终端安全管理、安全大脑等平台系统进入"云、网、边、端"，部署我国自己的终端安全防护系统，实现对国家级高级持续性威胁的全面防御，构筑应对高级威胁的坚固屏障。

第三，我国在网络建设上，重业务应用、轻网络安全的现象没有明显改观。从 100 余家机构的抽样统计数据来看，对安全的投入完全可以说是"吝啬"。例如，一个县级加油站一年营业收入接近一千万人民币，却舍不得花几百元给电脑安装安全软件，导致系统长期处于"裸奔"状态；还有一些单位几年前采购的安全软件已经落后，防御形同虚设，但因为产品服务期未满，为避免浪费而不更新。这些现象在多个行业普遍存在，也是造成"永恒之蓝"勒索蠕虫攻击在国内肆虐的重要因素之一。

第四，最近几年，云计算在政务、企业、金融、电信、能源各大行业已得到广泛应用，云计算除了具有传统的安全风险外，也带来了新的安全威胁，云平台的应用面临着更大的安全隐患。国外的云平台提供商不愿意对中国的安全公司开放底层接口，迄今为止仍有歧视性政策。以国际最大的云平台厂商 VMware 为例，对国内主流的杀毒软件全都不支持，而国内的云平台提供商也未与国内主流安全厂家形成有效合作，大多都是推荐自己的安全产品。另外，在智慧城市、政务云等项目建设中，经常出现云平台服务商既做建设又管安全，成为"交钥匙工程"。这种模式由于缺少对云安全的监管，造成安全黑洞，会带来巨大的隐患。应比照工程建设领域将设计方、建设方、监理方三方严格分开的经验，将云的安全交由独立于云的建设运营服务方的单位负责。

第五，在安全产品和安全服务的采购、招投标方面，往往采取价低者得，难以保障质量。 按照现行制度办法往往是最低价中标，导致很多行业单位购买了大量的低价、低质、无效的安全产品和安全服务，而那些安全技术优、防护效果好的企业出局；有时候还会发生远低于人力成本价，甚至 1 分钱中标的现象，在项目实施过程中则不可避免地出现偷工减料、降低服务质量等问题，造成建设的安全体系在遭遇网络攻击时不堪一击、形同虚设。

第六，仍旧简单地以为只要隔离就能解决问题。 随着互联网的日益兴盛，网络边界越来越不清晰，业务应用场景越来越复杂，越来越有更多的技术手段可以轻易突破网络边界。

在"永恒之蓝"事件中，大部分中招的企业和机构是内网以及物理隔离网，事件证明，隔离不是万能的，不能一隔了之、万事大吉。内网隔离之后，本来应该是安全岛，但内网如果没有任何安全措施，一旦被突破，瞬间全部沦陷。所以在隔离网里要采取更加有效的安全措施。

第七，部分行业单位的网络安全防护观念落后，不善于利用社会专业力量。 有些单位所有的安全规划、方案都由自己完成，但由于缺乏专业的能力和体系化的安全规划，导致安全产品堆砌、造成安全防护失衡；传统的安全防护观念无法解决云计算、大数据、物联网、移动互联网等新技术带来的安全风险，有必要改变网络安全防护观念，与专业化的数字安全公司合作建立新型的安全体系。

第八，部分行业单位的网络安全工作存在运营能力不足、安全意识淡薄、安全管理要求无法落实等问题。 对 100 家单位的统计表明，超过一半的单位在事发前近一年内未对系统进行过全面风险评估及定期补丁更新工作。

　　"永恒之蓝"事件中所受影响的主机，均未在事发前三个月内做过补丁升级操作，也没有部署终端安全监控与处置工具；也有一些单位的业务部门与安全部门沟通不够顺畅，网络安全管理措施落实不到位，安全工作有盲区，给大规模网络安全事件的爆发提供了可乘之机。

油管事件，对大型企业勒索攻击的新商业化

除了国家之间的网络战和针对普通民众的无差别攻击外，一些黑客组织也开始了针对性的有组织犯罪，并形成了规模化、商业化，其中典型的就是勒索攻击。

我举一个在美国引发的震惊全球的勒索案件，就是美国油管事件。

2021 年 5 月 7 日，美国最大的燃油管道公司——科洛尼尔管道公司，遭遇到了网络犯罪组织黑暗面的勒索软件攻击，从而导致公司网络运营中断，被迫关闭了整个管道输送系统。

作为美国东海岸石油运输的一条"生命线"，科洛尼尔管道每天柴油、汽油、航空燃油以及其他精炼产品的运送量高达 250 万桶，在整个美国东海岸供应量中的占比为 45%，几乎可以说是占据了半壁江山，而本次攻击造成了美国本土大范围的供油紧张。5 月 9 日，美国联邦政府交通部联邦汽车运输安全管理局不得不宣布美国 17 个州和华盛顿特区进入紧急状态，以解除针对燃料运输的各种限制，保障石油产品可以通过公路快速运输。

5 月 13 日，彭博社援引知情人士消息称，其实在遭到黑客攻击的几个小时之后，科洛尼尔公司就用加密货币支付了 500 万美元的赎金，折合人民币约 3200 万元。而且需要特别强调的是，用来支付赎金的加密货币是无法追踪

交易往来的，这在一定程度上加大了后期追踪的难度。

黑暗面在收到赎金之后，就把解密工具发给了科洛尼尔公司。但是，由于这个工具在解密数据的时候运行得实在是太慢了，迫于无奈，科洛尼尔公司最终只能使用备份数据来恢复系统。

后来，根据法新社的报道，科洛尼尔公司在 5 月 13 日晚曾宣布，受网络攻击影响的管线已经开始重启运作，只是可能仍旧需要几天才能使供应链完全恢复正常状态。5 月 15 日，科洛尼尔再一次发声，宣称公司的管道系统已经"全面恢复正常营运"，"每小时输送数百万加仑给我们所服务的市场"。

然而美国消费者新闻与商业频道（CNBC）在节目中指出，美国东部各州的汽油供应状况依旧不容乐观。根据他们在节目中列出的美国汽油价格跟踪网站 GasBuddy 的统计数据显示，美国首都华盛顿 80%、北卡罗来纳州 63%、弗吉尼亚州 38% 的加油站都无法供应足够的燃油。

科洛尼尔管道运输公司后来表示，在向黑客支付了近 500 万美元比特币后，美国司法部 6 月份找回了约 230 万美元赎金。但这引起了美国国务院对关键基础设施的高度重视，美国国务院 7 月份发布悬赏 1000 万美元，征集在外国政府指令或控制下，参与针对美国关键基础设施恶意网络活动的任何人的身份或位置信息。

但在 11 月 4 日，美国国务院又宣布，悬赏 1000 万美元征集油管事件的网络犯罪组织"黑暗面"高层领导人的身份和位置信息，据美国联邦调查局调查，该组织设在俄罗斯。

此后不久，"黑暗面"发布公告称，因为受到美国执法机构的压力，团队已经宣布解散，该组织的网站、博客、DOS 服务器等内容都已经无法正常访问。

不过从一个安全行业从业者的角度来看，黑客组织的有组织犯罪已经成为数字化时代网络攻击的主要群体，他们宣称的解散不过是一种惯用伎俩，可能用不了多久，他们就会换个名字，换个身份"重出江湖"。果然没过多长时间，根据日本的 NHK 电视台的报道，黑暗面组织在暗网中建立了一个网站，并发布消息称已经入侵了东芝在法国的分公司，窃取到的管理信息超过了 740G。

接下来就说一说本次勒索攻击事件的罪魁祸首——黑暗面组织。

黑暗面组织成立于 2020 年 8 月。虽然时间不长，但已经有很多数字安全专家指出，黑暗面内有许多十分专业、经验丰富的老牌黑客，极其职业化。更加惊人的是，黑暗面还有完整的运营体系，比如客服，用来跟受害公司进行赎金以及其他信息的交流，可以说是公司化运作了。

有意思的是，虽然是一家黑客组织，但他们也有自己的"原则"，比如医疗机构、教育机构、非营利机构和政府机构等组织都不在他们的攻击范围之内。对于潜在的目标，他们也会在发动攻击之前，深入分析目标的财务和运营情况，然后根据公司的净收入来判断其支付赎金的能力。赎金大都用比特币或者门罗币支付，根据目标公司的具体规模和支付能力，赎金也从 20 万美元到 2000 万美元划分了多个等级。

如果受害者没有在限定日期前支付赎金，那么赎金就会翻倍；如果目标公司拒绝支付赎金，那么黑暗面就会将窃取到的机密信息、数据公布在他们的独立网站上，展示长达六个月的时间，信息包括目标公司的名称、攻击时间、窃取数据的规模和类型等。将关键信息公之于众的行为，无疑会给公司的经营带来巨大的负面影响，这也是许多公司不得不缴纳赎金的最重要原因之一。

有专业的研究人员指出，从技术层面来说，黑暗面使用的勒索病毒等攻击手段，相较于其他黑客组织并没有任何技术性的突破领先，他们的强项就在于对目标公司信息的挖掘和掌握，比如公司管理层构成、实际决策人、资产规模等，就如同一家调研机构一样。这也是我认为黑暗面更像一家正常公司的原因。

以色列数字安全公司 Cybereason 的负责人在接受媒体采访时表示，黑暗面拥有自己的新闻中心、受害者热线、组织行为指南等。通过这些组织内容，我们可以看出，黑暗面正试图"改头换面"，打算以一个值得信赖的商业合作方示人。同时该负责人还透露，在科洛尼尔被攻击之前的几个月内，他们的10 多个客户同样遭到了黑暗面的"毒手"。

也正是因为这种专业化、职业化的组织和成员，截至 2021 年 5 月，黑暗面已经成功进攻至少 40 家企业，赚取了数百万美元的利润。

对于商业企业而言，勒索攻击已经成为全球公敌，严重影响了企业的业务发展。

回顾这两年的网络安全事件就能发现，全世界的勒索软件攻击呈爆发式增长。2020 年，34 个勒索软件组织在暗网上泄露了 2100 多家企业的敏感信息。2021 年每 11 秒将发生一次勒索攻击，带来的直接经济损失将超过300 亿美元，这个经济损失是 2015 年的 57 倍，勒索软件攻击造成的业务中断平均停机时长将达到 23 天。

国内勒索软件攻击的形势也不容乐观。2020 年，360 就接到并处理了3800 多起勒索软件攻击事件。根据 360 安全大脑的监测，数字经济越发达的地区越是勒索软件攻击的重灾区，广东、浙江、江苏排在前三位。这也说明，勒索软件发生的频率和数字经济的发展程度成正比，数字化程度越高，被勒索软件攻击的可能性就越大。如果任其发展，勒索软件攻击将成为大数据发展道路上的一场巨大灾难。

　　产业数字化是互联网下半场的主题，数字化企业就是主角之一，而这些又往往成为黑客组织的重点牟利目标，因此也成为我们数字安全企业的重点守护对象。我经常说，数字技术的不断革新、数字场景的不断丰富，对很多领域来说是推动和促进业务的发展，但是对我们安全行业来说，则意味着挑战更大，因为这会使得黑客组织的能力、技术和网络武器不断提升，安全挑战也日趋变大。

第一章
数字文明时代的新机遇

数字化是继工业革命之后的，最重要的生产力革命。

将推动人类社会从工业文明进入数字文明时代。

互联网上半场的主线是消费互联网。

互联网下半场的主线是产业互联网。

未来不再区分传统企业和数字企业，所有企业都将数字化。

政府和传统企业，将是数字化的主角（图 1-1）。

图1-1 数字化是国家和各行各业未来发展的主旋律

1.1 数字化开创新时代

历史上，"工业革命"这四个字意味着世界的重构和生产力的提升。由于种种历史原因，我国并没有深度参与到前三次工业革命之中，这影响了我国在全球竞争格局中的地位。但在数字文明时代，我国加速了数字化革命的追赶进程，俨然走在了世界的前列。

1.1.1 数字化成为中国引领全球技术革命的新引擎

2013 年，德国人以提升德国工业竞争力为核心目标，在汉诺威工业博览会上正式抛出"工业 4.0"概念（图 1-2）。此后，德国政府将其纳入了"德国 2020 高科技战略"中提出的未来十大计划之一。也正是从那时开始，很多人开始意识到，这场以物联网、大数据为基石，旨在推动制造业数字化转型的数字化革命，将深刻地改变现有工业的运作模式。2015 年 5 月，国务院正式发布《中国制造 2025》，部署全面实施制造强国战略，开启了"工业 4.0"强国建设新征程。

回望历史，18 世纪 60 年代—19 世纪 40 年代，人类历史上发生了第一次工业革命，结果就是机器代替人力，社会生产效率有了大幅度提升。当时的清政府还处于"沉睡"状态，遗憾地错过了这一次历史性的机遇。第二次工

图1-2　工业4.0无人工厂概念图

业革命发生在 19 世纪 60 年代末—20 世纪初，以电力得以广泛应用为标志，但当时的中国正处于清政府生死存亡之际，又一次与之失之交臂。20 世纪四五十年代，以电子计算机、原子能、空间技术等为代表的新一代技术的发明和应用，标志着第三次工业革命的到来。中国虽说赶上了，但也只是抓住了尾巴。

在错过了前三次工业革命后，中国牢牢地抓住了数字化革命，成为其中最主要的国家。有人称这次数字化革命为第四次工业革命，但我并不认同。虽然工业革命诞生了工业文明，但数字化革命却是利用数字化技术而兴起，它是完全不同的表现形态，是独立于工业文明而发展起来的。数字技术催生的是数字文明时代，它对人类的改变将会远远超过工业革命，包括对世界格局、各个行业以及人类生活方式带来的影响是巨大的。对于中国而言，我们将在数字文明时代充分发挥自身优势，建设数字中国，打造数字经济，构造人类命运共同体，引领全球的数字化变革。

具体来看，数字经济主要包括两个方向：一是数字产业化，这指的是互联网、IT 公司把数字技术做大做强，发展成一个个独立的产业，比如互联网产业、大数据产业、物联网产业等；二是产业数字化，也就是任何产业都可以用数字化进行转型升级，比如传统工业、汽车业运用数字化进行升级改造，诞生了工业互联网、智能网联车企业等。

当前，产业数字化已经在深刻地改变着世界和中国，改变着很多行业，也极大充实了我国的科技实力，最直接的体现就是，发明专利不管是质量还是数量都有了明显的提升。世界知识产权组织于 2021 年 3 月 2 日发布的报告显示，中国在 2020 年共申请专利 68720 件，稳居世界第一。结合我国强大、完整的制造体系，我国在数字化革命中将有机会争得领先地位。

数字经济是数字化转型时衍生出的全新经济场景，全球所有的主要玩家都在数字经济场景中倾注了大量的资源和力量，我国也已经将发展数字经济、建设数字中国上升至国家战略，国家经济发展的主战场，推进经济高质量发展的新引擎，未来的潜力不可估量。

2020 年，突如其来的新冠疫情的蔓延严重打乱了全球各国的生产、生活节奏，短时间内将传统行业中的制造业、线下零售业等领域拉到了近乎停滞的状态，部分企业裁员的裁员，倒闭的倒闭，制造业哀鸿遍野，一片惨淡。然而与之相反的是，疫情却从某种角度推动了线上经济的迅猛发展，进一步催化和加速了数字经济的进步和数字化治理。尤其是这两年，数字化在帮助中小微企业纾困解难和数字化转型中更是发挥了关键作用。

统计数据显示，2020 年我国数字经济规模高达 392000 亿，高居世界第二，在整体国内生产总值中所占的比重为 38.6%。与国内生产总值中的其他板块相比，数字经济已经成为我国经济创新力最强、发展最快的一股推动力量，也让我国成为全球经济增长、复苏的强大新动能。数字化的这种韧性

"补位"，充分彰显了"危机中育新机、变局中开新局"的强大力量。

1.1.2 从信息化到数字孪生的发展

从历史角度去观察整个数字化的进程，我认为可以将之分为三个阶段：前期的信息化阶段、中期的数字化转型阶段，以及后期的数字孪生阶段。信息化使得传统办公、管理和商业场景都变得更加流畅，更有效率；数字化转型则会赋予工具和设备以感知环境、计算数据的能力，改变了交通、工业生产、城市运行管理的模式；而数字孪生更是会将包括政府、城市、办公在内的巨大真实场景数字化、虚拟化，形成真实世界与虚拟世界之间互通数据、相互融合的闭环关系。

在我看来，信息化是一个术，它利用各种落地的软件、工具，将日常生活工作中的如文字、图片、声音、视频等要素，连同相关联的处理过程进行电脑化、联网化、网络化，极大地提升了人们的处理能力和效率。在不知不觉间，信息化的软件和工具已经成为我们生活中不可分割的一部分，比如企业生产中的办公自动化和企业信息系统，还有老百姓的日常生活也少不了搜索引擎、电商平台、社交软件、支付软件等要素。信息化满足了人们对各种信息计算、传输以及分享的需求，提升了人们获取信息、处理信息、传递信息的能力和效率。

如果说信息化是"术"，那么数字化就是"道"。我国在《中华人民共和国国民经济和社会发展第十四个五年规划和2035年远景目标纲要》中用非常大的篇幅浓墨重彩地来讲这个主题，足以证明国家对数字化的重视以及数字文明时代潜藏的巨大前景。

在数字文明时代，我们实现了文字、图片、声音、视频的数字化编码、存储和传输。未来世界的移动设备、家居设备、交通工具，乃至一座工厂、一座城市，都将会网联化和数字化，并会将场景运行中产生的数据上传到云端，几乎是凭空创造出了一个新的数字世界。

随着数字化进一步推进，当收集到的数据足够多、足够实时之后，我们就可以在云端完全对照现实世界的模型，重建一个数据化的虚拟模型。然后，通过人工智能分析、计算、处理上传的数据，最后再将分析的结果重新映射回现实世界，对现实世界中对应的运转、生产流程进行指导，以此构建出一个完整的闭环，这便是数字孪生。

1.1.3 元宇宙是数字化的高级阶段

2018 年，电影《头号玩家》几乎刷遍了每个人的朋友圈。导演斯皮尔伯格用名为"绿洲"的游戏世界，告诉我们科幻虚拟世界可以延伸到现实生活中。直到今天，这部向大家展示元宇宙概念的影片，仍然成为大家茶余饭后津津乐道的谈资。去年大火的电影《失控玩家》，则在《头号玩家》的基础上又一次对元宇宙进行了丰富和延展，进一步模糊了现实生活与虚拟世界的界限，引发了人们未来对虚拟世界与现实世界之间自由穿梭的无限畅想。

2021 年数字化领域最火的无疑是元宇宙，它的突然爆火有着深刻的社会背景。其中，疫情的影响是催生元宇宙概念成熟的最大的黑天鹅事件，它加速了社会虚拟化，让更多现实社会无法实现的需求转而用线上方式来满足。因此，我们可以从某种角度说，元宇宙的概念是在疫情期间"憋"出来的。

元宇宙并不是一个很"实"的概念。如果一个概念特别实，那么我们就可以知道它使用了怎样的技术，也就可以在一定程度上预测它未来的发展趋势和走向，如此一来也就很难有非常高的热度。正因为元宇宙比较"虚"，所有人在感知它的时候，就如同盲人摸象一样，都会产生不同的理解。以前是"一千个读者眼中就会有一千个哈姆雷特"，如今就是一千个人的认知中有一千个元宇宙。不管在哪个领域，不管从事什么事业，大家都可以跟元宇宙建立联系（图1-3）。

图1-3　人类将迈入元宇宙时代

在元宇宙的概念刚提出来的时候，我经常"喷"它，但是在认真研读了很多与元宇宙有关的材料之后，我又开始对它充满敬畏之心。元宇宙不是一个具体的产品，它应该是一种思想，是数字化发展的高级阶段。

既然是数字化的一个阶段，那么讨论元宇宙时就不能脱离数字化思维和相关技术。我阅读过很多投行的报告，也跟许多相关的企业、专家进行过十分深入的交流，得到的结论是，大家根据自己的理解推出的具体内容五花八门，但万变不离其宗，元宇宙的基础结构依然是物联网、移动通信、5G、人工智能、大数据、云计算、边缘计算等技术，当然也包括元宇宙安全的本质——数字安全。

按照我的理解，元宇宙一共可以分为四个流派：

第一个流派是游戏派。游戏的属性与元宇宙天然契合。如今市面所有比较热门的游戏，比如绝地求生（PUBG，俗称"吃鸡"）、魔兽世界（美国暴雪娱乐开发的一款多人在线角色扮演游戏）或者其他任何一款游戏，都可以运用新型技术元宇宙化，比如通过虚拟现实（Virtual Reality，VR）技术和物理手柄，可以让玩家更加身临其境。这是元宇宙的娱乐版本。

第二个流派是虚拟币派。曾有相关专家将元宇宙描绘为去中心化，因为是在虚拟的社会，所以需要构建一套独立的虚拟金融体系。我在第一次听到这个理论时，就嗅到了一种熟悉的味道，即打着区块链的名义做虚拟货币。比较典型的代表就是非同质化代币（Non-Fungible Token，NFT），虽然披着一层"数字艺术品"的外衣，但其本质依旧是虚拟货币。在元宇宙空间内，任何一个人都无法收藏现实世界中带有物理属性的艺术品，只能由一个数字通证代替。

第三个流派是炒股派。这是元宇宙概念大范围流传之后，数量最庞大的一个流派，也就是大家认知中的"蹭热度"，拉抬股价，也是普通老百姓茶余饭后的谈资。不管是制造服务器、交换机、网络设备的企业，还是做云计算、大数据、人工智能、芯片的企业，都能从某个角度与元宇宙概念建立连接，以此提升企业知名度，从而达到抬升股价的目的。

第四个流派是虚拟社区派。大家可以参照美国电影《黑客帝国》或者《头号玩家》来理解这一流派，即通过仿真和虚拟现实等技术，在网络空间内构造另一个完全虚拟的世界。在这个虚拟的空间里，我们可以改变现实世界中的一切，包括身份、社会地位、容貌等，变成一个与自己完全不同的人，完成一些现实世界中不可能完成的事情，这也是以脸书为首的企业所追求的。

我跟一些做虚拟社区的人交流过，他们强调真正的元宇宙一定要跟现实彻底脱离，成为另一个在某种程度上完全独立的世界。因为在这些人的认知里，如果只是简单复刻现实世界，"元宇宙"也就失去了应有的价值和意义。独立世界意味着人们可以体验另一次人生，甚至另一次生命，弥补现实世界中的不甘或遗憾。之所以我会"喷"元宇宙，很大程度上就是因为这种观点。

在我看来，与现实世界完全脱离的虚拟社区很有可能是一条不归路，它会导致人们更加上瘾、沉迷于网络空间，最后人的本体反而成为一种累赘。如果出现这种光景，一定会引发很多意想不到的问题。比如电影《盗梦空间》中，有一些人因为深陷梦境之中，最终现实反而成为"虚拟空间"。

前些年，我在美国拜访了一些脑机接口的公司，发现他们幻想的脑机接口，在未来不仅可以帮助残疾人恢复技能，还能够通过接口刺激人体大脑，直接将"虚拟空间"搬到人的脑海之中，比如直接产生享用美食、运动等感觉，不用佩戴任何物理设备就可以实现"元宇宙"。

如果把脑机接口和脱离现实世界的虚拟社区结合在一起，那么可能真的会将人类变成"人肉电池"，丧失了"人之所以成为人"的基础和尊严。我坚决反对这一类流派的元宇宙。当然，以元宇宙为噱头发虚拟货币"割韭菜"，或者以元宇宙概念哄抬股价的流派也不值得提倡。未来的元宇宙一定不是一个虚拟宇宙，而是要和真实的世界完全打通，能够为真实世界提供更好的数字化支持的元宇宙，可能这才是我们应该追求的未来方向。

而且，对任何一个社会群体的发展来说，让年轻人沉迷其中无法自拔，导致他们与现实世界完全脱钩的情形肯定是不健康的。那么相对的，一个良性的、正向的元宇宙是什么样子的呢？其实这个概念很早之前就已经诞生了，即数字孪生。

我们可以通过各种物联网设备，将现实世界生产、管理、经营的全部流程数字化、虚拟化，以这些数据为蓝本，在虚拟世界中建立一个完全与现实世界相对应的仿真空间。乍听起来，它似乎与完全虚拟的元宇宙社区没什么不同，但如果我们深究其根本，就能知道两者存在本质上差别，那就是目的不同。

我们构建数字孪生的仿生空间，是为了在其中建立数据模型基因，然后以边缘计算、大数据、人工智能等技术模拟、优化现实世界中的生产管理流程。得到一个最优解后，再将数据作用于现实世界，从而达到增强现实生产，提升效率的目的。这是与虚拟社区最本质的差别。当产业元宇宙真正成熟之后，当前我们设想的一些智能化场景，如通过 VR 技术实现远程开会、虚拟旅游、远程手术或者在仿真空间内巡查核电站等都能成为现实。

因此，蹭热度哄抬股价、以元宇宙的噱头发虚拟币"割韭菜"、做脱离现实的虚拟社区，这三种行为是我坚决反对的；而如果以产业元宇宙优化、推动现实世界发展，那么我是大力支持的。

此外，我更关注的是元宇宙本身在技术层面的安全问题。相较于数字化，元宇宙世界的软件化、虚拟化、网络化，以及数据化的程度会更加彻底和深入，但其本质依然是软件和编程技术在支撑，那么就一定存在漏洞。换句话说，未来的元宇宙就如同当下的互联网一样，是一定会被攻击的。

元宇宙本质其实是一个界面更诱惑的数字化世界，在这个数字化世界场景里会出现很多新的安全问题。如果把自己一生的主要时间都放在元宇宙里，包括人类的交往、联系，还有数字孪生、虚拟现实等，一旦被攻击，所有现实世界发生的网络犯罪大概都可以在虚拟世界里发生，这个时候就会面临很多新的安全挑战。我们说软件重新定义世界，元宇宙就更加极端，可能连现实世界都不要了，在这种情况下整个世界的基础实际上就变得极其脆弱。未来最担心的是脑机接口，很多人为了追求元宇宙的虚拟化，都愿意把大脑直接连到元宇宙，未来可能还得保护人的大脑。随着这个世界的数字化越来越激进，其实对安全的依赖会越来越大，否则的话数字化世界可能就会变成一个非常脆弱的世界。

1.2 数字化的三大基础

　　从老百姓、消费者的视角看，他们在数字文明时代更多关注技术实际应用的场景，比如智能汽车、智慧城市等；而从政府、企业这些推动新技术落地的群体来看，他们更应该关注数字化的本质。而想要了解一件事物的本质，无疑要从其基础入手，而数字化的基础就是"新技术、新基建、新场景"。

1.2.1 新技术就是 IMABCDE 字母歌

　　"科学技术是第一生产力"，这不但是一个不会随时间、空间变化而改变的真理，还反复被历史所检验证明。所以在我看来，数字化发展最基础的推动力量无疑就是数字新技术。为了方便记忆和理解，我将一些极为关键的新技术编成了一首字母歌：IMABCDE（图 1-4）。其中 I 是 IoT，即 Internet of Things，也就是物联网，代表着万物互联；M 是 Mobile Communication，是移动通信，包括 5G、窄带物联网、卫星互联网等在内的技术都可以归到 M 之中；A 是 AI，即人工智能；B 是 Blockchain，即区块链；C 是 Cloud Computing，即云计算；D 是 Big Data，即大数据；E 是 Edge Computing，即边缘计算。大数据是其中的核心。

数字化的基础是新一代数字技术

数字化技术：IMABCDES

IoT-物联网 | Mobile-5G | AI-人工智能
Block Chain-区块链 | Cloud Computing-云计算
Big Data-大数据 | Edge Computing-边缘计算
Security-安全

- IoT用来连接各种设备并采集数据
- 5G用来传输
- AI用来驱动自动化决策
- 区块链用来保证数据不可篡改
- 云计算用来存储和计算
- 大数据是数字化的中心
- 边缘计算是新一代网络架构的基础
- 安全是新一代数字技术的基础

数字孪生闭环

图1-4　数字技术字母歌

物联网是收集数据的终端。我认为数字技术的探针、神经元以及各种智能设备上的传感器，会采集我们这个世界所有的信息。比如说，未来数字城市一定是一个高度复杂的数字化环境，汇聚了包括智慧交通、智慧电网、云和大数据中心，以及背后的数以亿计的物联网设备、工业互联网设备、IT设备和数字化终端，数以EB[①]计的各种政务、商业和个人数据等在内的数字化城市基础设施，这些时刻把整个管理的流程汇集到云端，变成大数据。

5G是用来传输数据的。之前很多人在争论5G技术的意义是什么，毕竟4G就可以满足大家看电影、刷抖音等消费娱乐需求。在我看来，5G不是给消费者准备的，它存在的意义是服务整个物联网时代。比如说在移动物联网场景，我们要获得一辆行驶在路上的智能联网车的实时数据，不可能拉一根网线，而是使用5G技术。5G有两大特点，一是上传速度快，二是每平方千

---

① 艾字节，计算机存储单位，1EB=1024PB，1PB=1024TB，1TB=1024GB。

米支持同时上传的设备数是 4G 的 20 倍，密度也比较高。所以，5G 能够更好地把传感器和网络连在一起。

接下来就是把收集到的数据用 5G 传到云计算。如果没有大量数据的产生，我们根本不需要云计算，比如管理学生，一本花名册就够了。再比如过去很多办公自动化，一个 Excel 表格、一个办公自动化软件就可以满足。但是如果要处理传感器收集上来的海量数据，一定需要云计算的能力。

有了大数据，我们还需要用区块链保证数据不被篡改。未来，商业数据、银行数据、数字货币数据、工厂的生产数据都至关重要，一旦被篡改，轻则造成业务停摆，重则可能让整个产业链都受到影响。

立足大数据的海量基础之上，人工智能才能更好地发挥深度学习的优势。将来我们可以利用人工智能做出判断和预测，再通过 5G、物联网设备反馈到现实世界里。举个例子，未来我们通过给独居老人佩戴智能手环，来检测他们的心跳和情绪变化，再结合实时收集、分析住所的水电气使用情况，就可以准确判断老人的身体状况和饮食起居是否正常，一旦发生异常，相关人员便可以及时给予关爱、救助。

最后是边缘计算。当物联网设备特别多的时候，尤其是在未来自动驾驶的过程中，如果摄像头都要通过网络连到云端进行数据处理，就有可能引发交通隐患。若处于自动驾驶状态中的车辆途经信号不好的区域，一旦行车数据传输不及时，就有可能导致车辆失控。因此我们可以增加一个性能强大可靠的边缘计算平台，在车内保证计算任务的处理和响应的实时性，最终实现对车辆的安全进行实时监控。从长远来看，边缘计算可以用来满足承载更多智能设备计算的需求。目前，中国大概有不到 10 亿台电脑、15 亿部手机；在未来的数字文明时代，这个数字可能要乘以百倍甚至千倍，当所有的智能设备都直接连接到云端服务器时，再强大的云计算也无法完全处理。此时就需要新的网络架构，通过边缘计算来管理这些物联网设备。

以上 IMABCDE 这七项技术在数字化技术中举足轻重，在这些技术的市场应用成熟之后，对于传统的城市、企业而言将会迎来一次拥抱数字化的巨大机会，而所有的传统行业和城市都值得升级再造一遍。

当城市或企业在数字化转型时会发现，新一代数字技术与传统思维的交互很有可能产生"1+1 大于 2"的效果。也就是说，以"IMABCDE"为代表的新一代数字化技术，能够给政府和企业负责人带去一种全新的角度去思考产品模式、服务模式、商业模式以及经营模式，从而创造无限可能。

1.2.2 新基建是数字化最坚实的支撑力量

新基建是一个大家都耳熟能详的热词，从中央到各级政府，从企业家到老百姓，从互联网行业到传统行业，各个领域的人们都十分热衷谈论这个话题。

但是对于新基建，大多数人都只是有一些模糊的理解，知道包括 5G、物联网、大数据等数字技术的应用；讲到具体的定义和内涵，可能不同人都有不同的理解。这里我引用政府发布的定义：新型基础设施是以新发展理念为引领，以技术创新为驱动，以信息网络为基础，面向高质量发展需要，提供数字转型、智能升级、融合创新等服务的基础设施体系。

这主要包括以下三个方面：

第一个方面是信息基础设施，它包含了以新一代信息技术为基础，以实际场景需要搭建而成的基础设施，比如通信网络基础设施（以 5G、工业互联网、卫星互联网、物联网等为代表）、新技术基础设施（以区块链、云计算、人工智能等为代表）、算力基础设施（以智能计算中心、数据中心为代表）等，明确定义划分了新一代数字技术的定位和应用边界。

第二个方面是融合基础设施，这一项主要是对数字技术的深度应用，以云计算、人工智能、工业互联网等技术为支撑，推动传统基础设施完成转型升级，形成融合基础设施，比如未来的智慧农业基础设施、智能交通基础设施等。

最后一个是创新基础设施，与融合基础设施的含义相似，只是应用场景从传统基础设施转到了科学研究、技术开发、产品研制等领域，这一类基础设施带有公益属性，比如产业技术创新基础设施、科教基础设施、重大科技基础设施等。

在国家大力支持下和具体思想的指导下，包括上海、北京、天津等在内的全国 20 多个地区都已出台新基建相关规划，成果斐然。

以 5G 为例，我国现已建成 5G 基站超过 200 万个，是全球规模最大、技术最先进的 5G 独立组网网络。就覆盖面积来说，全国所有地级市城区、超过 97% 的县城城区和 40% 的乡镇镇区实现 5G 网络覆盖，工业互联网和 5G 在国民经济重点行业融合创新应用也在不断加快，成为我国建设统一大市场过程中的重要数字基础设施。

新基建的高热度，不仅仅拉动了短期投资，也意味着产业、经济、政府、社会的全面数字化加速到来。其意义就如同 20 世纪 90 年代的"信息高速公路"，它能促进和带动未来几十年的产业、经济发展模式和人们生活交往方式的变革。

1.2.3 新场景是数字化社会的应用中心

《2001 太空漫游》是一部在业界具有重大意义和影响力的科幻电影，被誉为"现代科幻电影技术的里程碑"。它由著名导演斯坦利·库布里克执导，于

1968 年上映，其主要内容是对"未来"世界高科技具体应用场景的想象，比如载人飞船探索外太空、人工智能等，透着一种电影人的浪漫。那么，我们的未来会是什么样的，我们掌握的新技术又能创造出怎样的场景？这值得我们去深入探究。

与电影不同的是，如今数字化转型的浪潮已来，未来不再遥远。我们已经掌握了建设未来世界的新技术，接下来要做的就是根据想象和需求，将其落实到现实世界，构建起一个个具体的场景，因为新场景才是新时代、新技术的应用中心。比如，我们在家可以享受智能家居带来的温馨体贴服务，出行可以享受到智慧交通的最优路线安排，乘坐自动驾驶的智能汽车，在工厂用自动化生产线和机器人为用户生产定制化产品，并通过电商平台触达用户……这些生活场景有些已实现，有些正加速到来。

总体而言，未来的新场景大致包括这几种：关键基础设施、工业互联网、车联网、能源互联网、数字金融、智慧医疗、数字政府和智慧城市。

关键基础设施很重要，是因为一是关键技术，二是基础设施，这与国家安全和社会正常运营密切相关，通常是指重要网络设施、信息系统，覆盖公共通信、信息服务、能源、交通、水利、金融、公共服务、电子政务等领域。一旦这些基础设施遭到破坏，必然造成极为恶劣的后果。

2015 年 12 月—2016 年 1 月，乌克兰国内的多家电力公司遭受到了网络攻击，致使该国首都基辅部分地区和西部地区大面积停电。本次攻击事件共计影响到了 140 万人的生产和生活，其危害的严重性可见一斑。

后经调查，黑客组织利用了电力公司员工安全防范意识不强的漏洞，以诱骗的方式让他们下载了一款被称为"黑色能量"的攻击软件，以该恶意软件为起点致使多座变电站瘫痪。而且，黑客还切断了电力公司主控电脑与变电站之间的连接，向系统中植入了网络病毒，在一定程度上延缓了后续修补工作的进程。

工业互联网是数字经济与实体经济融合的关键链接，是指新一代信息通信技术与工业经济深度融合的新型基础设施、应用模式和工业生态，比如我们常说的工业 4.0、智能工厂等，都是工业互联网的产物。我举一个传统矿业利用工业物联网进行数字化转型的例子。

传统矿山的环境通常较为恶劣，地点偏远封闭，矿上机械运作模式单一，而且多为重复性操作。针对这样的状况，徐工集团基于自主研发的汉云工业物联网平台，与中科院自动化所合作开发了智慧矿山系统。该系统集智能化、物联网网联化、无人化为一体，通过描述矿山作业机器行为和复杂工况环境特征，构建信息物理设备交互运行环境，对该环境进行计算试验，以及对场景和工况进行预设，最终与物理矿山实时交互，引领矿山机械安全高效运行（图 1-5）。

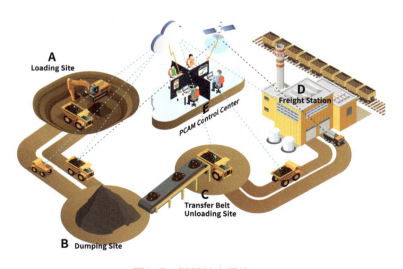

图1-5　智慧矿山系统

而车联网是随着新能源智能汽车出现而火爆的一个热点，在特斯拉出现后，更是打破了大众的认知，拉近了与公众的距离，诸多科幻电影中，对于未来智能车天马行空的想象已经给"车联网"进行了提前预热，后面章节我会对此详细分析。

能源互联网顾名思义是新能源技术与数字技术深度融合、应用后，产生的一种全新的能源利用体系，它能通过智能管理技术、信息技术以及电力电子技术，将传统系统中各种分布式的采集、存储、负载网络串联在一起，形成新一代能源流动网络，能够大幅提升能源使用效率、分配效率。

数字金融则是新型互联网技术与传统金融相结合，形成新一代的金融服务，它是推动数字经济发展的重要动力源泉。从全球来看，金融业都是率先使用前沿科技的行业，包括最早的计算机、互联网支付等。现在包括人工智能、大数据等数字化技术已经普遍应用在金融风控、交易、支付、理财等方面，不仅增加了金融业务的处理效率，更是优化了用户体验，把金融服务装到了用户的手机里、口袋里。这里举一个平安集团的例子。

提到中国平安，大家首先想到的可能都是保险、证券、金融等业务，但其实它们是一家金融科技公司。我特别佩服中国平安，曾经去拜访过平安集团的董事长马明哲先生，他并没有给我讲保险或者金融，而是讲了 2 个小时的金融科技转型，只有 2 个故事：如何收集大数据，如何做人工智能训练。他们现在的大多数客户服务都已经换成人工智能客服了，包括理赔、理财产品等在内的各种金融业务都通过网络在线处理。他们还计划要打造一支拥有 11 万名工程师的庞大队伍，以此推动企业向数字化、科技化转型。

智慧医疗最直接的体现就是医疗信息平台，利用云计算、5G 等先进数字化技术，使患者、医疗人员、医疗机构、设备四者之间形成信息互通，并借助人工智能、大数据等辅助医生诊断，提升诊断效率和质量。未来，还在探索包括远程医疗、微型机器人医疗等，能够在不接触患者的情况下，完成整个治疗过程（图1-6）。

图1-6 医生用平板电脑辅助医疗护理

现在很多医院都在进行数字化转型。比如汕头大学医学院第二附属医院就结合数字化技术，上线了"互联网医院"，推出了发热咨询、体检预约、药品配送、线上咨询、院内导航、线上门诊等六大线上模块，大幅度提升了医院的整体医疗服务水平。

与其他的场景类似，数字政府同样是一个以新一代数字化技术为基础，将政府日常工作数字化、网络化的国家行政管理形式，比如公民网上查询政府信息、行政服务自动化、各级政府间的可视远程会议等，形成了"用数据对话、用数据决策、用数据服务、用数据创新"的新一代管理模式。

"粤省事"移动政府服务平台是由广东省推出的一个微信小程序。截至2021年3月，该平台已有超过1.1亿的实名注册用户，包含有1722项高频民生服务，其中"零跑动"项目高达1239个，实现了服务质量和效率的提升。

智慧城市则是借助数字化，将城市内的各个系统和服务环节打通、连接，全方位驱动城市、赋能城市、重塑城市，提升城市内各种资源的利用效率，优化管理和服务节奏，为市民的生产、生活质量带来改善。

如果深入研究这些数字化场景，不难发现一个现象，它们都是将数字化技术应用到一个个的日常生活场景，比如车联网就是把数字化技术应用到车企、车身、交通等方面，甚至重构车的动力和驾驶逻辑，而智慧城市则是用数字化技术重塑城市的治理和社会的运转等。由此，我们会发现：新场景是数字化技术对整个社会的重塑和定义，是数字化的应用中心。

1.3 数字化主角：政府和传统企业

数字化对于整个世界的改变是随处可见的，政府、企业、个人无一不享受着数字化带来的便利。如果说上半场的消费互联网，数字化已经改变了个人的吃喝玩乐、衣食住行，那么下半场的产业互联网，政府和企业则是被改变的主角。接下来，我重点选择智慧城市、工业互联网、智能汽车三个重点行业，举例说明数字化对社会各行各业的重构之路。

1.3.1 智慧城市是数字化的核心场景

2021 年是"十四五"规划的开局之年，"十四五"规划明确指出要加快数字化发展、建设数字中国。其中，智慧城市毫无疑问是数字化的一个核心场景。

过去几年，我曾多次受邀去各个城市做智慧城市安全的演讲，就我个人的感受和体验而言，人们对未来城市的发展方向有着清晰的判断，做出相关准备也都十分具有前瞻性。发展到今天，发展数字城市的目标已不是开发建设更多的信息化系统，而是推动城市的全面数字化转型。举个简单的例子，未来数字城市里的智慧交通，既要有聪明的车，也要有智慧的路，车路协同才能真正重塑城市交通。所以，建设数字城市已成为塑造城市发展新优势的新战略，也是建设网络强国、数字中国和智慧社会的重要抓手。

从本质上看，城市的数字化转型是构建城市数字孪生，就是以大数据为核心，利用物联网、云计算、5G、人工智能、边缘计算、区块链等新技术，通过数据的生产、采集、运营和赋能，打通数字空间和物理空间，形成数字孪生闭环。

随着技术的不断发展，还有可能融合城市各类大数据，建立与现实城市精准映射、虚实融合的城市数字孪生体，以虚拟指导现实，用数字空间赋能现实世界，根本性改变城市管理的方式，提升管理能力和效率。

智慧城市将新兴技术落地到实际应用，便可以实现各种具体场景的智能化、数据化，从而解决不利于长期发展的能源过度消耗、环境污染、交通拥堵等社会问题。除了这些宏观问题，数字化技术也会被广泛应用到老百姓的医疗、教育、养老等社会服务领域，实际推动公共服务精准化、人性化的水平，全面提升老百姓的生活品质。

智慧城市是一个多元化的复杂场景，涉及政府、企业、个人等方方面面。因此，一座智慧城市的搭建，考验的是城市政府部门的统筹规划能力和全局调动能力，同时考验的也是一座城市对新技术、新场景的理解运营能力。截至 2020 年 4 月，我国已有 749 座城市规划或正在进行数字化转型升级。总体来说，我国智慧城市的升级建设工作取得了相当不错的阶段性成果。

纵览正在进行数字化转型的城市，大都会从数字经济、产业升级、社会治理、数字政府四个方面入手。

数字经济已经成为我国经济发展的重要驱动力，重视智慧城市建设的城市和地区大都是我国高质量发展的急先锋，自然也会重视数字经济的发展与建设，未来数字经济所在的比重会越来越大。

比如深圳就发布了《深圳市人民政府关于加快智慧城市和数字政府建设

的若干意见》，明确提出要加快新一代基础设施的建设工作。包括五个维度：

第一，全面提速通信网络，建立5G城市级独立组网，推动5G网络在政务、车联网、医疗、能源等领域的深度应用。

第二，提升智能终端设备的全面感知，通过部署依托于数联、物联、智联一体化平台的高精准度、高可靠度、低功耗、低成本的智能感知设备，配合摄像、雷达等其他感知单元，构筑"天地空三位一体"全面立体的感知网络，提升城市的感知能力。

第三，从全局角度出发，加快大数据中心的建设。

第四，加快人工智能领域基础建设。对于人工智能在智慧城市中发挥的作用和意义，深圳政府抱着认可、认同且鼓励的态度。《深圳市人民政府关于加快智慧城市和数字政府建设的若干意见》中明确指出，深圳支持相关企业建设人工智能开源开放服务平台，增强算法、算力、数据等人工智能基础设施服务能力。

第五，搭建统一的区块链基础设施环境，提供存储、时间戳、加密、跨链、共识机制等区块链服务。

此外，上海生产总值中超过50%都属于数字经济。而成都高新区也推出34个首批新型基础设施建设项目，开始在新基建领域进行系统性布局。通过将新基建与城市治理有机结合，成都高新区与合作企业共建城市数字大脑，推动城市治理的数字化、网络化、智慧化转型。

城市产业升级的重要抓手就是产业的数字化转型。对于传统企业而言，老旧的增长和经营模式已经跟不上时代发展的变化，借助数字化技术不仅可以彻底解放生产力的束缚，提升生产过程的自动化、智能化、无人化，也能够借助数字化营销实现精准化、人性化，更贴近消费者，进而重构整个产业的决策机制和运转流程。

很多城市从构建智慧城市的角度出发，通过建设新型基础设施，将数字化技术运用到各个行业之中，便可以推动工业互联网、能源互联网、车联网、高端智能制造等行业的发展，加速整个城市产业的转型升级。

公共服务的智能化、数字化也是智慧城市的重点工作方向之一，各个城市都在这一领域下足了功夫，旨在通过新技术、新应用的推广，更好地感知人民的需求和社会发展态势，实现社会治理的精细化、人性化，不断提升城市的公共服务质量和市民的生活水平。

以北京市顺义区为例，2020年新冠疫情期间，顺义区政府在市政务服务局以及其他多个相关部门的大力支持下，运用区块链技术，以12345"接诉即办"为切入口，落实了在综合窗口服务中应用电子证照的服务模式。市民不再需要出示实体证照原件或复印件，通过手机授权便可以办理253个涉企类事项、65个个人类事项。这一服务模式极大地推动了"网上办事"全程电子化的进程，给大家带来更便捷、更高效的服务。

1.3.2 工业互联网为传统企业数字化转型提供方向

工业互联网这个名词来源于国外的 Industrial Internet，也有人将之翻译为产业互联网，因为不仅仅适用于工业，所有的传统产业都将进行数字化转型升级。而想要弄清楚工业互联的起源，就不能不提一家企业——通用电气。

早在2012年，通用电气就已经开始了这方面的探索，并提出了工业互联网的概念。他们给每台自产的航空发动机上都安装了非常多的传感器，用来收集每次飞行时的数据，然后实时地发送到数据中心进行相关的分析。通过分析实际飞行的数据，通用电气可以"预知"发动机可能存在的一些问题，进行预测性的维护和维修，减少停机时间。如此一来，就能够增强飞机发动机的安全性和性价比。

在通用电气看来，不管是工厂内外网、标识解析等基础业务形态，还是智能生产、数据同步、数字化转型升级等新兴业态，工业互联网都是产业升级的核心手段之一。为此，通用电气在2014年联合了AT&T[①]、Cisco[②]、IBM[③]、Intel[④]等各个行业的巨头企业，成立了工业互联网联盟。

工业互联网是产业数字化的应用先导，也是数字产业化和产业数字化的交汇地带，推动实现数字与实体深度融合，使产业的未来发展具有无限可能。

工业互联网是新一代信息技术向传统产业的渗透融合，本质上是"软件重新定义工业企业、行业和产业"。它不是数字化技术在工厂里的简单应用，而是对传统制造模式、生产组织方式和产业形态的根本性变革。过去的工厂里是大量的工人和傻大黑粗的机器；现在的工厂利用自动化、智能化技术提升生产效率；未来将是基于工业互联网的数字孪生工厂，实现资源的优化配置和产业集群的高效协同，带来生产力的又一次飞跃。

工业互联网也将会改变企业架构，物联网连接工厂的人、机、物，将采集到的数据源源不断地汇聚到云端，云端对海量数据进行处理分析，生成优化的生产流程下发到工厂，大大提高生产质量和效率。与此同时，工业互联网打通供应链上下游企业的供需关系，形成高效协作的产业集群，显著提升产业

① 美国电话电报公司。
② 思科公司。
③ 国际商业机器公司，也称万国商业机器公司。
④ 英特尔公司。

价值。最后，云端还为企业分支机构和异地用户提供随时随地的接入服务。

未来传统制造业将成为数字化转型的主体。在未来成熟的数字化工厂中，不只是自己内部车间、设施、设备会实现联网化、智能化，而且还包括工厂的上下游供应链以及它们背后的企业、产业都会实现联网化、智能化，生产过程中所有的关键信息将通过各式各样的物联网传感器实时地传递到云端。这样的一家中型企业或者大型企业，一天所产生的信息流量可能就不亚于如今淘宝一天所产生的流量，数据量可想而知。未来，传统制造业、服务业、工业在互联网上的流量可能会占据主流。

在互联网的上半场中，诞生了诸如阿里、腾讯、字节跳动等一批互联网巨头，它们通过各式各样的应用、平台、产品，已经基本完成了用户数据的初步积累，随着数字化的推进，未来互联网领域更多迎来的是应用层面的更新，是从一到十的进步。而各级政府部门和传统行业的数字化转型，则是站在更低的基础上开始信息化、数字化，是从零到一的开创性变革，其中涌现的机会自然不在少数。

每每言及工业领域的这种变革时，都会让我想起30多年前去工厂实习的经历。彼时工厂里的各种车铣刨磨机械设备都是"傻大黑粗"，无法联网，也毫无智能可言。当未来数字孪生时代真正到来之后，整个工业领域，特别是制造业行业，所有的办公网络和生产网络都会统一联网，生产车间里的每一条传送带、电动机、车床、设备，都将安装有一个或多个传感器并接入网络。同时，工厂和上下游的供应链也会联网，将产品设计、原材料采购、生产、运输、最终交付一体化，打造出更加顺畅、更加透明的全流程运行链条。客户在收到产品之后，便可以在网络上实现软件的升级和功能更新。可以预见，这将是未来数字文明时代的一个巨大应用场景。

接下来，我跟大家分享一个三一重工的案例，这也是一家从传统企业向数字化企业转型的典型企业。

三一重工的董事长梁稳根是我特别钦佩的一位企业家。在一次拜访中，梁稳根先生告诉我，自己原本已打算退休，后来又决定再奋斗十年。问及缘由，我才知道这位做了一辈子的挖掘机、重型机械的老大哥，居然开始对大数据、云计算等新一代数字技术感兴趣了，在我面前侃侃而谈、如数家珍。他说，想到能够利用这些新技术，把笨重的机械进行联网，变成服务，这样的数字化革命的成果和前景都让他觉得特别激动，因此就想撸起袖子再干十年。

梁稳根先生豪言壮语的背后，是三一重工数字化转型实实在在的成果。作为中国工程机械的龙头企业，三一重工通过打造新型数字化工厂（图1-7），推进企业由"单一设备制造"向"智能设备制造＋服务"转型，逐步实现核心业务全局在线化、产品高度自动化以及全部管理流程的可预见化、高度信息化。在梁稳根先生的规划里，三一重工的蓝领工人会分阶段缩减为3000人，而科技研发人员数量将会逐步增加到3万人，全力向数字化公司、智能化工厂转型。

图1-7　三一重工上海临港生产厂房

梁稳根先生这种活到老、学到老的奋斗精神十分令人感动，值得行业内我们每一个人思考学习。这说明，工业互联网对于传统企业而言无异于一次蜕皮重生。

1.3.3　智能网联车是智能制造业皇冠上的明珠

智能网联汽车是 2021、2022 年的一大热点，新闻非常多，爆点也非常多。360 也很早就开始在这个行业进行思考和布局，我也适时地提出了一个"互联网参与造车"的概念。很多人不理解："周鸿祎天天不务正业，你一个做杀毒软件的，为什么也去凑热闹参与造汽车？"其实 360 参与造车，并不是很多人误解的那样，以为这家互联网公司又在做资本的无序扩张。

我曾经花了一年的时间，走访了国内几十家车厂，包括传统的造车企业和一些新兴造车创业公司，发现智能网联车是时代给予中国先进制造业和互联网转型升级的最大机会。它既是制造业的数字化转型，也是数字产业向新兴制造业的渗透延伸。所以，它既不属于传统的汽车行业，也不纯属于互联网、大数据、人工智能等新兴行业，而是两个新旧行业的一种"转基因"。

汽车的智能化，并不是简单地把油箱换成电池，把发动机换成电动机，而是汽车的数字化、网络化和数据化，本质上来说就是"软件重新定义汽车"。汽车里原来所有的东西都需要软件支持，这意味着一切皆可编程。汽车、车厂、城市，以及和其他的车辆都需要连接，这就是万物均要互联，而汽车系统的升级迭代和驾驶操作需要大数据驱动。

举个例子，传统汽车是由成百上千个封闭的控制模块构成的，它们之间相互独立、互不联网，以此来实现刹车、油门、车窗升降、车门开关等功能。未来智能汽车的底盘会演化成几台预控制器，或者是几台分布式处理的电脑，它们会接管很多的功能。

特斯拉的设想则更加极端，他们认为车子以后会变成以计算中心和操作系统为核心的"电脑"，所有的功能都会软件化。发动机、电池、人工智能的传感器都变成这台电脑的外设，这样整个车子的架构就如同装了四个轮胎的平板电脑。

再就是从汽车的生产制造能力而言，以往我们总是说进口车如何出色，但目前来看国产车也已做得十分用心了。当然，与进口车中价值几百万的豪车相比，国产车的差距肯定还是存在的，但是其定价、内饰做工、表面喷漆、车体设计以及让人眼花缭乱的车型，无不在说明一个事实：我国车企的研发、制造能力正在迎头赶上。

我在走访中发现，中国汽车业整体的制造能力其实早已跟国际水平接轨，存在的差距也在以极快的速度缩短。国内许多工厂基本已经实现无人化生产，95%以上的工作都由机器人完成，生产线也基本能够实现全自动化（图1-8）。因此，我们可以很自豪地说，经过近几十年地持续学习与积累，中国汽车行业的制造水平和制造能力已经与一些高端合资工厂不分伯仲。

图1-8　高度自动化的汽车制造车间（哪吒汽车）

中国汽车制造业在向新能源电动车转型过程中，积累了诸多先进技术，比如电池、电动机等，让以前面临的巨大门槛逐渐消失。过去我们的车企在汽车传统结构方面，尤其在变速箱、发动机等领域，与欧美系、日韩系车企相比的确存在着巨大的差距，但如今这些鸿沟由于电动车不需要这些设备，而消除了。换句话说，中国的汽车产业在某种角度上来看，已经实现了弯道超车或是变道超车。

此外在以稀土为代表的各类原材料的支撑下，中国打造了全世界最大的电池、电动机的供应链，并且也诞生出相关产业链的源头。因此，单就这一方面来说，我们与欧美、日韩相比已经不再落后。

汽车制造业是一个复杂的、具备很强综合性的领域，其中牵扯到了诸多行业。因此，当我们站在更高、更全面的维度去观察和思考未来的智能汽车行业发展时，不能仅仅把它看成是汽车制造这一个行业的革命，这也将是人工智能、大数据、芯片、互联网、数字安全等新技术的一次集体跃进。

从产业角度出发，这一次革命存在极强的包容性，必然涉及多行业、多领域的基因重组，中国也可能因此对全世界未来汽车工业进行一次全面的颠覆，甚至取代。

目前，包括华为、小米、百度、360等互联网企业都已进入了新能源智能汽车领域。虽然大家的切入点各有不同，但大公司如此密集地进入智能车领域还是让人很好奇。如果深究缘由，我认为主要有两方面原因。

首先，智能网联汽车发展如火如荼，涉及的核心技术也在不断地完善、成熟。在经历了从部件到整车、从单项到集成、从感知到控制、从单向到互动之后，智能汽车领域迎来了"全面感知＋可靠通信＋智能驾驶"的崭新时代。近些年，车企的智能化、网联化之路已经走了很长一段时间，但相较于未来人们期待的真正的智能车，可以说还处于智力未发育完全的婴幼儿阶段，仍有很长的旅程要走。

就发展方向而言，智能化、网联化是行业较为认可的两个方向。其中智能化正在从辅助驾驶向最终的无人驾驶演化，网联化则是从单车联网、多车联网向着整个交通体系网联化发展进步。在这一进程之中，智能汽车的基础能力，比如感知、分析、决策、执行等相关技术也在不断迭代成熟，直至最终完全替代驾驶员做判断，实现高度成熟的自动驾驶和完全自动驾驶功能（图1-9）。

图1-9　自动驾驶技术发展可期

其次，智能网联车已经不仅仅是简单的交通工具了，未来还有可能成为新的流量入口之一，形成新的数据生态。此外，未来自动驾驶进一步发展的前提，是整体交通基础设施的升级改造，包括智能化的红绿灯系统、动态交通指示标牌、车辆行驶线、各类配套的智能感知系统以及车辆与道路交互的智能设施。

从配套设施、设备的角度来讲，这对我国的新基建同样有促进作用，符合新基建的大方向，是数字化转型带动新产业、新业态、新模式发展的典型场景。因此，智能网联车的发展，也事关我国产业数字化转型的未来。

截至 2021 年 7 月，造车的企业大概有几百家，未来肯定还会有更多的互联网公司参与到这场竞争之中。如果这些互联网参与者把自身积累的技术、资源、人才投入进来，中国智能汽车制造业在整体上便有可能比国外同行更快速地发展、变革。

如果从宏观层面去看待这一问题，不管哪一家企业足够幸运，最终取得成功，结果其实并不重要，因为我相信，最终一定是中国的某一家公司获得行业领先，成为智能汽车市场规则的制定者。

所以回过头来看，我认为入场造车的互联网企业不是多了，而是少了。大家之所以要进入这个领域，是因为坚信互联网和传统产业相结合，才能代表和诠释互联网下半场的意义和作用。在这个能够改变中国未来市场格局的巨大机会到来的时候，我相信众多的互联网公司都不愿意袖手旁观、毫无作为。

再把目光往前看 20 年，中国巨大的内需不仅仅会推动智能汽车的发展，对于全世界市场同样有着重要的正向作用。在全球新一代汽车颠覆和创新转型升级的阶段，中国也将面临巨大的机遇。

第二章
数字技术的安全脆弱性不可避免

数字化有三大特征（图2-1）：

一切皆可编程，就意味着漏洞无处不在；

万物均要互联，就意味着虚实空间界限模糊，攻击虚拟世界就会影响到现实世界；

大数据驱动业务，就意味着数据成为新的攻击对象。

整个世界都将架构在软件之上，整个社会的运转、政府的管理、老百姓的衣食住行，都将架构在软件、数据和网络之上，世界的安全脆弱性前所未有，更易攻击，危害更大。数字安全是一切数字文明的基座。

图2-1　数字化三大特征

2.1 一切皆可编程：漏洞无处不在

每一次技术变革都带来生产力的巨大提升，改变人们对于社会的认知。比如，智能化、网络化、软件化的概念，在过去是无法想象、难以理解的，但如今用来描述和定义数字化社会却显得十分贴切。数字化社会是建立在数字化应用和场景基础之上的，而代码只要是人编写的，都不可避免会存在安全漏洞，甚至新技术用得越多，漏洞就越多，安全隐患就越大。

2.1.1 有软件，就会有漏洞

当我们进入到数字化社会后，大家的日常生活、生产办公都开始虚拟化、网络化，并通过各种手机应用程序、网页、网站展示，我们与互联网的连接也变得愈发密不可分。而互联网连接的实质是什么呢？其实就是以各种软件为桥梁，与互联网进行"沟通"。而软件的本质，就是程序代码。

某种意义上，数字化社会使得"一切皆可编程"愈发成为可能。

如同每一枚硬币都有正反两面一样，数字化程度越高，风险越大。那么一切皆可编程会带来什么问题呢？

我们点餐时，依赖的是外卖软件；出门打车，依赖的是智能算法派单；休息时上网刷个短视频，是背后的智能推荐算法在帮助计算。当回过头去观察时就会发现，我们的生活已然被软件所包围。而且只要是软件就一定会存在漏洞，有漏洞就有可能会被他人利用、攻击（图 2-2）。

图2-2　有代码就有漏洞

在网络安全行业里，一直存在着两个流派。

一个是加密派，这一流派的人坚信，他们所有的通信是加密的，只要外人不知道自己的口令，就不能破解他们的通信，也就没法攻入他们的机器。这跟很多经验丰富的程序员一样，都十分自信自己编写的代码是完美的、是牢不可破的，但是越来越多的实际案例证明，无论是多么完美的设计、多么复杂先进的加密，只要是人编写的软件就会存在漏洞。

另外一派是漏洞派，我就属于这一派。虽然我非常尊重加密派，因为他们可以说是漏洞派的"祖师爷"了。但行业在不断发展过程当中，出现的新场景、新局面和新形势，那就是一切皆可编程，漏洞无处不在。我给大家举个例子，现在几乎所有人都觉得量子通信是绝对安全的、是无法破解的，在一定程度上，这种观点是对的。但是在我们漏洞派看来，根本不存在绝对安全、绝对完美的通信。我们或许无法破解量子通信过程中的传输端，可作为接收端的机器，在接收到数据之后，一定会做处理、储存，我们只要在接收端的机器上下功夫，同样能突破通信过程，破解整个系统。

就平均数据而言，每一千行代码至少会有 4~6 个不影响程序运行但存在安全隐患的漏洞。这些漏洞是开发者本身根本没有意识到的，但是到了黑客手里，便可以神不知鬼不觉地入侵到系统之中。

2021 年 5 月 6 日，著名网络安全解决方案公司 Check Point 发布了一篇数据安全调查报告，他们在报告中指出，高通公司的 MSM 芯片中存在高危安全漏洞，漏洞编号为 CVE-2020-11292。

利用该漏洞，网络不法分子可以向用户的手机注入恶意代码。也就是说，如果用户的手机被攻击，那么用户手机中的短信、通话记录等私人信息就将没有任何隐私可言，甚至可能发生用户通话被监听、SIM 卡被远程解锁等骇人听闻的安全事件。更让人感到害怕的是，这个高危漏洞根本无法通过常规的系统安全功能来检测到。

一些专业人士表示，这样的漏洞如果真的被黑客利用，那么他们发起攻击的手段和方式可能会是多种多样的，比如安装一些含有木马程序的恶意软件，被入侵手机内的数据也就成了砧板上的鱼肉了。

按照 Check Point Research 机构（Check Point 软件技术有限公司旗下的威胁情报部门）的调研数据，全球有超过三分之一的手机使用这个系统，包括那些深受消费者喜爱的手机品牌，比如谷歌 Pixel、LG、一加、三星 Galaxy 系列和小米等。换句话说，全球三成以上手机用户的隐私以及各项权益都已经进入了黑客的"攻击范围"之内。

　　至于未来数字化世界真正实现万物互联后，仅仅是一台智能汽车就至少有数亿行代码，更不用提一个数据化、智能化的工厂，甚至一座智慧城市会有多少行代码。当万物由代码"支配"时，也就意味着万物皆有漏洞。包括我一直讲到的数字化核心技术"IMABCDE"的应用也是软件，由它们驱动的设备、设施同样会存在漏洞。所以我常常会说，其他行业都在用新技术乘风破浪，开创新的局面和时代，只有我们安全领域的从业人员使用的新技术越多，需要担忧的安全风险和危机就越大。

2.2 万物均要互联：虚实边界变得模糊

如果说互联网的连接对象主要是人，用作人与人之间传输信息和数据的媒介，那么未来数字世界的连接对象则是我们能够看到的一切，包括人与人、物与物、人与物，数字网络技术把连接和服务对象从人扩展到了世间万物，因此才会产生"万物互联"的概念。

现在连接万物的"物联网"时代已经离我们不再遥远，未来整个人类社会中的所有元素，小到一把椅子、一个水杯，大到一座房屋、一座城市都将能通过网络进行数据与信息的交换。而世界各地如火如荼的数字化转型，正在让这一切变为现实。

2.2.1 万物互联开启智慧生活

在未来，会有更多的智能终端、物联网设备连到云平台，每个物联网设备都可以看成一部"手机"，每个设备都有独立的智能芯片，运行着安卓或者 Linux 系统，同时也运行着它的代码。

大家设想一个场景：当你下班准备回家的时候，在手机的某个程序中点一下，你的智能汽车便会自动从停车库中开到楼门口等待，家里的空调、热水器、扫地机器人也会随之开启，执行自己的任务，等着你回家

（图 2-3）。这只是对未来生活一次很小的场景假设，也是上述概念映射现实世界的一个微小缩影。

图2-3 智能家居是万物互联的典型场景

既然万物都要相互连接，那么应用场景当然不会局限于日常的家居生活。在数字化起步阶段，万物互联的思想就早已蔓延，影响了制造业、农业、交通、医疗等社会中几乎全部的场景。以农业为例，传统农业经历了从手工到机械化的过渡，效率有了大幅度提升，未来万物互联背景下的智慧农业，追求的是"精耕细作"。农田里的温度、湿度、降雨量、风速、病虫防治、土壤成分及对应含量等以往十分重要但模糊的环境因素，都会通过架设在田地里的种种设施和设备，变成可视化的数据，配合智能化的管理系统完成处理和决策，包括施肥、浇水、处理病虫害等，降低人为管理的工作量，同时最大程度提升农业种植的质量和效率。可以说，万物互联的概念与技术为人类铺垫了一条智能化的发展道路，为人类社会描绘了一幅联网化的美好蓝图。

2.2.2 虚实打通，网络攻击造成物理伤害

但是从安全的角度看，任何一个智能系统都有可能被攻击。过去我们做电脑防护的时候，会给每个电脑装一个杀毒软件，但未来万物互联会有上百亿的智能设备，面对这么复杂的状况，我们无法知道哪一个会成为攻击点。

那么该怎么办呢？隔离？其实是做不到的。

在万物互联的时代里，各个场景中的设备和设施都会通过物联网、5G、大数据等数字化技术连接到云平台，由于这种相互连接的特性，系统与系统之间、设备与设备之间的隔离就变得愈发难以实现。比如在工业互联网中，最基本也是最重要的要求就是，工厂内部的车间不仅要与办公网络相连，同样也要与消费者、上下游的供应链互联。当整个连接网络越来越庞大，越来越复杂时，仅仅靠自己做好安全防护已不能应对日益复杂的网络威胁。

之前网络上有一个带有调侃意味的网络用语："不怕神一样的对手，就怕猪一样的队友"，如果这张"大网"中有一个环节，甚至一个设备被入侵，黑客组织就能以此为跳板，针对大型企业、政府和关键信息基础设施发起供应链攻击，造成重大安全事件。这就是万物互联带来的最大挑战之一。

我曾经问过美国人一个问题："你们怎么那么傻呢，五角大楼怎么不知道封闭起来，老说有黑客攻击五角大楼，为什么五角大楼要联网？"他们回答说："最早我们也不连接外部互联网，但是后来五角大楼要跟波音公司联网，要跟洛克希德·马丁公司联网，波音还有很多二、三级供应商，这张网络越连越大，必然会连到互联网上。"

在过去，我们谈及的网络安全更多的是点对点防护，给每一台设备、每一个系统安装一个杀毒软件。然而这种防护思路在数字文明时代根本就无用武之地，仅一座智慧城市中包含的普通智能设备就难以计数，更不用说一些

特殊场景中需要特殊防御的设备与设施。

2020 年 1 月 2 日，国际数据公司（IDC）在研究智能设备时发现，在全球范围内运行的 8.15 亿个智能扬声设备中，几乎有二分之一存在泄露用户隐私的风险。同时报道还列举了一些存在安全风险的设备和场景：智能扬声器或智能手表有可能捕获在开启之前设备附近发生的所有音频对话；安全摄像机或保姆摄像机极易遭到黑客的攻击，窃取数据，甚至长时间监视用户；一些新型智能锁仅凭语音指令便能够完成开门或关门动作，如此简单的设置无疑会带来很大的风险。此外，智能电视、流媒体小工具、智能玩具等也是黑客"重点关注"的对象，在报道之前也发生过多起因为这些东西而造成的信息泄露事件。

除了信息泄露，现实世界与虚拟世界之间的屏障被彻底打破，这也是万物互联带来的另一个重大挑战，让以往只能在虚拟世界兴风作浪的网络危害延伸到了现实世界。对于这种情形，我总结了几个会消失的边界：软硬边界会消失，人机边界会消失，内外边界会消失。

软硬边界会消失

根据 IHS Markit 的预测，2030 年之前，物联网设备数量的年增长率将会保持在 12% 左右。如果按照这个速度增长，到 2030 年，全世界将会有 1250 亿个联网智能设备。届时，如何保障这些设备的网络安全将会成为一个"老大难"问题。

大家可以想象一下，数量如此庞大的智能设备相互连接在一起，将会组成一个怎样盘根错节的系统。更为关键的是，智能设备、工业设备、物理信息系统大量连接到互联网，软件与硬件的边界会消失，现实世界和虚拟世界会被打通，网络攻击能够转化为物理伤害。

人机边界会消失

举一个智能汽车的例子，这与大家日常生活休戚相关。提及特斯拉、奔驰等家喻户晓的名车，相信大家首先会想到的是车子的价格、所使用的黑科技、市场影响力等要素，但很少有人知道，这些汽车都有被远程控制的风险。如果仅论造车能力，这些车企肯定是一流的，但如果要论安全能力，就不是车企的专长了。

在未来，一台智能汽车从生产到交付至消费者手里，再到上路行驶，这一过程中的每一个环节都会产生数据并通过物联网、5G 等技术上传到车企的服务器中（图 2-4）。如果服务器存在漏洞，且被黑客入侵，那么对方就能够在世界上的任何一个角落远程给汽车发送指令，而智能车会乖乖地执行。如果一个司机正驾驶一辆汽车行驶在高速上，车窗突然打开了，或是汽车突然紧急刹车，这些场景光是想想都让人不寒而栗。人机边界消失的意思是，人与机器在某种程度上已经"融为一体"，对机器的伤害很有可能也会对人造成影响。

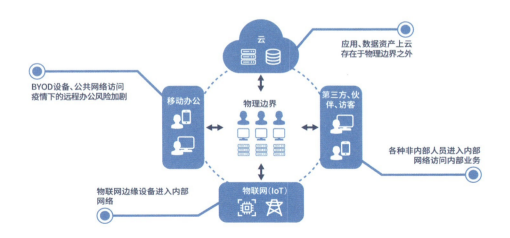

图2-4　万物均要互联，打通了虚拟世界和物理世界，让虚实边界逐渐消失

内外边界会消失

在未来的各种生产场景中，几乎所有的数据、系统都会上云，而多云、混合云等技术的使用，一定会导致物理边界模糊，再加上各种生产网络、智能设备也会接入互联网，这就会使得内外的边界变得越来越模糊，很难找到一个十分清晰的界定。

数字安全是一个牵扯到很多专业知识的行业，但它并不是高高在上不可触摸，而是与每一个人的生活、安全息息相关的行业。到了真正万物互联的社会里，数字安全与老百姓的关联只会更加密切，从家居用品到交通、到办公，生活中几乎方方面面都会涉及与网络的连接。

2.3 大数据驱动业务：数据安全前所未有重要

大数据是数字文明时代的核心资源，是政府管理、城市运转、企业生存的一大基石。通过对大数据的分析、计算、统计，决策者能够更好地了解自己的业务，明晰前进的方向。大数据的重要作用也得到了越来越多的重视。

2.3.1 大数据是数字化的中心

在数字文明时代，大数据正逐渐成为驱动经济社会发展的新生产要素，成为数字化的核心。大数据不仅仅只是存储量很大的数据，它更为重要的特征是数据规模会随着业务不断增长、变化，实时产生海量的新数据。通过对这些数据的挖掘，我们可以建立新的数据思维模型，完成对未来的预测，为社会治理、业务开展等提供指导。大数据真正的价值不在于数据本身，而是作为数字经济的一种核心战略资源，相当于农耕时代的土地、工业时代的石油。

下面一组数据可以帮助大家理解大数据的规模。国际数据公司早年曾经做过一个统计，2003 年全球范围内产生的数据总量大约有 500 万 TB[①]，2009

———————

① 太字节，计算机存储容量单位。

年全球的数据总量是 0.8ZB[①]。而根据中国信通院于 2019 年 12 月 10 日发布的《大数据白皮书（2019）》预估数据显示，2025 年全球的数据总量将达到惊人的 163ZB。

ZB 是一个离普通老百姓很遥远的数据计量单位，也是一个十分庞大的单位。如果我们用最高质量的规格录制一首三分钟 MP3 格式的歌曲，那么 140 万亿首这样的歌曲才能达到一个 ZB。想要把 140 万亿首歌曲全都听一遍，将近需要耗时 8 亿年。如果把 1ZB 的文件往 1TB 的硬盘里装，大概需要 10 亿块 1TB 的硬盘，连接起来的话足够绕地球两圈半。

一方面，大数据提供了一种新的思维和新的方式，去帮助人类更好地认识和理解复杂系统。理论上来讲，我们可以利用数字化技术，对现实世界中的城市运转、企业运营、基础设施运转等各个业务流程数字化，构造一个与物理空间精准映射的数字孪生体。在给定充足计算能力和高效数据分析方法的前提下，我们可以对这个数字孪生体进行深度分析，去理解和发现现实复杂系统的运行行为、状态和规律，使之与未来新产生的数据相吻合，以便对未来即将发生的新事件进行预测或提供一些有价值的信息，为人们提前进行决策提供思路，从而改良自然和经济社会环境。

另一方面，数字经济的出现，让数字化技术从助力社会经济发展的辅助工具，开始向引领社会经济发展的核心引擎进行转变。在此过程中，数据资源大规模聚集，成为数字经济发展的坚实基础。

近年来，大数据的理念已经深入人心，大数据技术产业、企业也是蓬勃而生，形成了稳固而有力的生长环境。根据中国信通院数据显示，截至 2020 年 10 月份，我国已经有超过 3000 家活跃的大数据技术型企业。在近几年里，

---

① 泽字节，计算机存储容量单位，1ZB=1024^{4}TB。

大数据脱离了单一的技术架构和体系，成为新一代基础建设的最主要的构筑力量之一。得益于这些影响，越来越多的企业从传统结构走向了以大数据为基础的"决策革命"。跟大家分享一个大数据应用的真实案例。

满帮集团是一家致力于公路物流行业的公司。严格来讲，物流领域内的信用体系并不是很健全，运送过程之中产生纠纷、投诉的案例时有发生。有统计数据表明，平均每成交四笔交易，便会产生一起纠纷案件，对于企业而言，纠纷消耗的成本是很高的。

满帮集团以大数据技术为基础，构建了一套"梵高系统"，双方向连接货车司机与发货主，为双方做智能匹配、推荐，以高质量、高效率、低成本、低货车空驶率快速完成每一次的运输交易。"梵高系统"在具体操作时，会为公司的每一个用户，包括每一个货主、司机都构建一个信用画像档案，其中囊括了大大小小、方方面面约 200 个维度的指标。在做信用定位的同时，系统也建立一个失信黑名单，且与国家信息中心和国家发改委的"信用中国"相连接，纳入央行的征信系统，对失信者实施多方面有力量的惩罚。凭借这一信用画像，满帮将公司的纠纷率由行业平均水平的 25%，降到 3%。

如果从不同的角度去解读满帮集团，必然会得到不同的结果，或是以征信为束缚力提升了传输的质量，或是"梵高系统"的智能推荐提升了货主与司机的连接效率，又或是有效地解决了货主、司机、平台三方的信任问题。但是究其根本而言，每一项结果最本质的基础其实都是大数据，把大数据形容为满帮的生存之本也并不为过。

2.3.2 数据安全不再依附网络安全，数字安全超越网络安全

在数字时代，安全行业一定会把维护数字安全视为重中之重的任务之一，这是一个不争的事实。可为什么会这样呢？我给大家打一个比方，如果把整个网络空间当作一个生物体，那么传统的网络技术，比如信息传输、硬件、运算、存储等，就是生物体的血液、四肢等构成，而大数据则是生物体的智慧、意识。

以智能汽车为例，为什么他们具备"智能"呢？如果从普通大众角度看，可能会认为是软件或者系统使得它们变聪明了，这有一定的道理，但不完全对。汽车变得"智能"的原因是人工智能对司机驾驶行为的各种场景大数据不断模拟训练、学习的结果。换句话说，大数据才是智能设备之所以有"智慧"的根本原因。从这个角度来看，大数据就是数字文明时代的石油。

在做传统的 IT 信息系统时，大都是以业务、以流程为中心，重视的是操作过程。而未来所有的数字化改造，各个场景中操作系统的中心将转变为以大数据为中心。大数据最大的优势就是"集中"和"共享"，只有多种维度的数据集中在一起，提供给各个智能系统分析、计算并反馈结果，才能发挥大数据最大的意义和价值。

然而，技术就是一把悬在人类头顶的达摩克利斯之剑①，好的初心会产生好的结果，如果居心不良便有可能会造成恶劣的后果。未来不管是智慧城市，还是工业互联网，抑或是其他场景，生产过程中产生的大数据一旦集中起来之后，就很难做到传统的物理隔离，一个环节的数据遭到污染、窃取，则整

---

① 通常寓意为有强大的力量非常不安全，很容易遭到不测。

个业务链都会随之受到严重影响。

所以，在大数据驱动业务的时代，数据作为数字化的灵魂，显得越来越重要，已经超越了传统网络安全的范畴，因此国家也将其独立出来，继《中华人民共和国网络安全法》后又出台了《数据安全法》予以重点管理规范。这也是网络安全要升级到数字安全的主要原因之一。

当前，从数据安全面临着的风险来看，主要有五大类：数据窃取、勒索攻击、数据污染、数据泄露、数据滥用。

数据窃取

数据窃取是指网络犯罪分子通过各种技术手段，非法地获取目标机构、企业的敏感数据。很多黑客组织，特别是国家级黑客组织，他们热衷于通过数据窃取，神不知鬼不觉地获取各种情报，而一些犯罪组织则将窃取的数据用于在黑市上转卖牟利。给大家分享一个案例。

2022 年 3 月，美国爆发了史上规模最大的学生个人数据失窃事件，有大约 82 万名学生的信息被泄露。根据美国教育部公布的信息显示，这些数据包括学生的姓名、出生日期、学生证号码等基础信息以及一些和教育相关的数据。

事件的起因则是在 2022 年 1 月，黑客入侵了 Illuminate Education 公司的 IT 系统，窃取了学生信息的数据。后者开发的在线评分和考勤系统，在美国有很大的市场占有率，这也是本次事件之所以会有如此大范围影响的最主要原因之一。

在检测到相关的入侵行为后，Illuminate Education 曾关闭了系统的相关功能。但是，直到两个月后，这家公司才公布了系统中数据被窃取的消息。

勒索攻击

相较于其他攻击方式来说，勒索攻击的目的不一定是窃取受害者的数据，而是直接进行加密，并以此为要挟，迫使他人缴纳赎金。如果受害者不缴纳赎金让黑客解密，受害机构可能没法应用这些数据开展业务，从而导致业务面临停摆风险。

对于数据安全来说，勒索攻击是最大、最危险的对手之一。它对数据安全的威胁几乎是全角度、全场景的。以医院场景为例，我国有很多医院，包括县一级的医院都已经部分或完全实现了数字化，病人看病挂号、X 光片的流转、医生做出的诊断报告，甚至病人去药房领药等过程，几乎都挪到了线上完成。如此一来，医院的业务效率的确增进了不少，也给广大的老百姓带来了诸多便利，从一定程度上削减了"看病难"的困境。

但是，在新冠疫情期间，全球各地，包括中国在内，爆发了许多针对医疗行业的网络攻击事件，我给大家举一个例子。

2021 年 5 月 13 日，爱尔兰健康服务管理局（Health Service Executive，HSE）遭受 Conti 勒索软件攻击，支付系统因攻击而瘫痪。对方索要 2000 万美元的赎金，否则就将删除所有加密数据。但是 HSE 拒绝支持该赎金，从而导致爱尔兰医院中断数周，包括数十项门诊服务被取消，新冠疫苗门户网站被关闭。

此后据当地媒体报道，为了修复该国医疗保健系统，总计花费超过 4800 万美元，花了数周时间才让其系统恢复运行。如果包括服务受损带来的损失，整个成本估计将超过 1 亿美元。

针对医院网络攻击，将医院内所有的数据通通加密，使之成为无法读取的、没有任何意义的字符，进而索取赎金。数据无法使用，医院所有的业务体系就只能停顿下来。当医院里所有线上的诊断报告、X 光片、住院记录、挂号系统全都无法正常使用，导致的结果就是病人无法挂号、无法领药、无法缴费，医生看不了病历也就无法做出诊断或者做手术。医院是一个关乎老百姓健康和生命安全的场景，耽误一个小时甚至一分钟都有可能造成无法承担的后果，因此就只能无奈妥协，向黑客交付赎金（图2-5）。

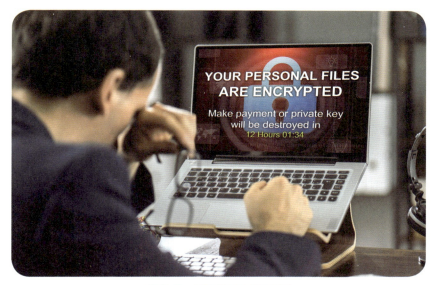

图2-5　勒索攻击日渐猖獗

一般而言，赎金是 1000 万元起步，金额很高。所以有时候我也会调侃，这个"生意"比做安全公司挣得多，并且还简单得多。不只有医院，未来几乎所有的场景都会涉及大数据的采集、收集、分析计算过程，企业的安全发展很大一部分也是由这些数据的安全决定的。

数据污染

数据污染就如同环境污染、食物污染一样，是一个值得所有人关注的数据安全问题。大家都知道，未来成熟的人工智能，一定是以大数据为基础，不断地训练实践得来的。比较典型的例子就是智能网联车，它通过研判各种实况道路信息，再加上大数据训练学习得来的道路规则和行动逻辑，最终展现为不需要人为干预的自动驾驶。

可如果最基础的数据被污染了，那么会发生什么事情呢？大家设想一个场景：一辆无人驾驶汽车行驶到一个红绿灯路口，正常情况下应该是"红灯停、绿灯行"，但如果车辆学习到的相关数据被人为改变、污染，逻辑设定为"红灯行、绿灯停"，由此就有可能造成交通混乱，甚至车祸。

当然了，数据污染的危害不止于此。再比如公司的账目、工厂的生产信息、网上银行的数据等，都有可能成为黑客的目标被污染，进而造成恶劣影响。

数据泄露

数据泄露是当今许多机构、企业面临的重大威胁之一，相关事件也是屡见不鲜。与数据窃取不同，数据泄露很可能是因为内部人员疏忽或故意为之，导致内部敏感机密数据被他人获取或者是被公布于众。俗话说"日防夜防，家贼难防"，如果内部员工缺乏安全保密意识，内部数据经常性地上传到公开的网络上，或者为了一己私利转卖数据，都可能造成数据泄露。

2020 年 7 月，国际商业机器公司（IBM）发布了《2020 年数据泄露成本报告》，根据其中的数据显示，企业因为数据泄露而付出的平均成本为 386 万美元。而在一年之后，根据国际商业机器公司（IBM）发布的《2021 年数据泄露成本报告》中的数据显示，2020—2021 年，企业数据泄露的平均成本增长了 10%，从 386 万美元涨到了 424 万美元，成为有报告以来的历史最高。

据媒体报道，2020 年 11 月，某地警方接到圆通速递有限公司委托人报案称：其公司员工账号被本公司物流风险控制系统监测出有违规异地查询非本网点运单号信息的行为，导致大量客户隐私信息有可能被泄露。

后来经过调查发现，从 2020 年 7 月开始，圆通公司的某员工与外部的犯罪分子相勾结，利用职务之便泄露了公司将近 40 万条用户的个人信息。犯罪分子则将这些数据以每条单价约 1 元的价格，卖到了各个电信诈骗高发区。

数据滥用

数据滥用很好理解，就是企业违背消费者的意愿，过度采集、使用消费者的个人数据。比如每年国家都会下架很多款 APP，它们的侵权行为大都是"超范围收集个人信息""违规收集个人信息""收集与其提供的服务无关的个人信息"等，简而言之，其实就是数据滥用。

2022 年 1 月 19 日，包括国家发展改革委在内的九个部门联合发布了《关于推动平台经济规范健康持续发展的若干意见》，其中提到"从严管控非必要采集数据行为，依法依规打击黑市数据交易、大数据杀熟等数据滥用行为"。

数据是数字时代的重要资源，同时也不可避免地成为犯罪分子眼中的"财富来源"。从近些年来的网络犯罪案件就不难看出，针对数据的网络攻击已经成为数字安全事件的主流之一。当然，换个角度来说，对数据安全的防护，也就自然而然地成为我们构建安全防御体系的重中之重。

2.4 软件定义世界：世界的安全脆弱性前所未有

在上述三大特征列举的场景中，基本都会涉及软件的使用。从个人生活到企业运营，从政府管理到新基建的正常运转，软件已经几乎无处不在。用 Netscape 创始人马克·安德森所说的一句名言概括就是："Software is eating the world（软件吞噬世界）！"我对这句话有深切体会，也十分认同，换成另一个大家耳熟能详的说法就是"软件定义世界"！

软件定义的核心逻辑就是在各式各样硬件设备标准化、数字化的基础上，通过代码编程的方式实现多元化、数字化以及定制化的功能与内容，以此来打破设备物理形态的束缚，推动软件应用技术向着多样化、个性化的发展，推动硬件设备向着联网化、标准化发展，推动各类系统功能与内容向着数字化、智能化发展。

以此延伸开来还会有软件定义互联，它能够实现从物理层到数据链路层、从网络层到业务层的全维度软件定义，为包括大数据中心和云服务器等在内的新一代基础设施提供顺畅、灵活、高效的连接。通过软件定义互联技术，数据通信、大数据、人工智能等使用不同协议的数据，一样可以实现无缝对接，使信息系统精简化、可扩展和易维护等成为现实。

对于各个场景的运营者而言，想要把难以计数的数字化元素凝聚在一起，最直接有效的方法就是使用各类软件，依靠其背后的算力、数据、智力等虚拟技术。比如在建设智慧城市的过程中，相较于传统城市而言，内部逻辑结构的复杂程度和管理难度呈几何倍数增加，要想获得相对应等级的治理能力，我们就需要强化以新一代数字技术为代表的核心能力，依靠数据和智能，建设数据化和智能化工程。

而在这些工程落地的数字化场景中，安全挑战更加复杂，比如在5G、窄带物联网等网络通信技术的支持下，数以亿计的物联网设备、新终端设备将直接暴露在网络上，这就意味着原来虚拟世界的攻击能够直接转换为对现实世界的伤害。

当这些设备源源不断产生出多维度的海量大数据，未来数据规模将会远超计算机时代和移动互联网时代。大数据作为驱动业务的新要素，保障大数据的安全成为重中之重。但是，大数据安全面临的问题非常多，既有数据滥用、数据污染的问题，又有网络攻击带来的数据被窃取的问题，还有内鬼故意泄露、倒卖数据的问题。近期，针对数据的勒索攻击更是层出不穷。数字化加速了产业上下游的融合，几乎每家公司都会使用来自外部的软件和硬件，供应链的任一个环节出现风险，就会传递到上下游并放大，对整个行业、机构造成重大安全隐患。

2021年7月，据美国网络安全公司Recorded Future创建的新闻网站Record称，总部位于美国迈阿密的美国IT软件服务公司卡西亚（Kaseya）遭勒索病毒攻击，疑似幕后黑手REvil黑客组织要求其支付创纪录的7000万美元赎金，以公布能够解锁在Kaseya事件中遭封锁的所有电脑的通用解码器。

Kaseya为托管服务提供商（MSP）提供远程管理软件服务。据美国网络安全公司"女猎手"（Huntress）分析，已有至少200家使用该公司产品的美国企业受到影响。除美国外，瑞典Coop公司连锁超市门店也因使用卡西亚公司软件遭受影响，全国800多家门店已有超过500家被关闭。

2.5 安全是数字文明时代的基座

新一代网络技术的迅猛发展和普及应用，使得网络空间成为继陆、海、天、空外的第五空间资源，各个国家给予的重视皆与日俱增。步入数字文明时代之后，一旦网络空间遭到攻击，在制造业、金融业、能源、城市运转、社会治理等全场景中造成的破坏，将是系统性、全局性的。这种破坏不同于传统单点式攻击造成的局部影响，而是直接关系到国家安全。

借用木桶理论来表述：木桶的容量是由它最短木板决定的。而在数字化模型中，如第一章所述"I、M、A、B、C、D、E"分别代表这个木桶的七块木板，它们可能因为自身的参差不齐而决定了数字化水平的高低。安全并不在这七块木板之列，它是数字化这个木桶的底板！也就是说，如果数字化没有以安全为前提，那这个木桶连一滴水都装不了，更遑论装多装少了。所以，在步入数字文明时代，安全的地位需要被重新审视和定义。

根据国际权威机构 Cybersecurity Ventures 发布的调研数据显示，2021 年全球因为网络攻击事件导致的经济损失高达 6 万亿美元。国际环境日趋复杂，网络安全事件也在频繁发生，网络犯罪组织的攻击目标已经不再单纯地停留在个人、企业层面，甚至会对一个政府部门、一座城市发动网络攻击。

越来越多的事实已经说明，未来的安全问题不再只是从前的木马或病毒引起的局部小问题，数字安全的定义也不仅仅是解决 PC 或移动终端那样简单的问题。数字文明时代的安全威胁已全面升级，且攻击的范围也涉及更广，无论是政府还是企业都包含在其中。可以毫不夸张地说，风险潜藏于数字文明时代的全场景之中（图2-6）。

图2-6　黑客藏在暗处伺机发动攻击

我国是互联网大国，对于网络空间的发展建设也倾注了重大的资源与力量，在为网络技术发展进步贡献重大力量的同时，我们的网络环境也面临着诸多挑战。

360天眼实验室曾经捕获过一个名为"海莲花"（OceanLotus）的境外黑客组织，从2012年春天开始，这个组织便对我们国家的航运海事、科研单位等重要部门进行了高级持续性威胁。其攻击表现出了针对性强、持续时间长、攻击地域广、有组织有计划的特点。事后查明，海莲花是一个专业化和组织化很强的黑客组织，且有外国政府支持背景（图2-7）。

"没有网络安全就没有国家安全、就没有经济社会稳定运行，广大人民群众利益也难以得到保障"，这是我国在网络安全问题上所坚持的主张。我国对

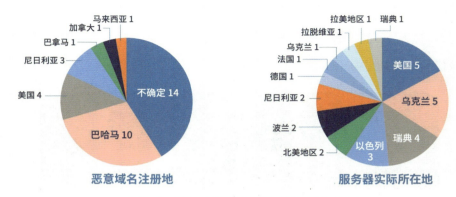

图2-7 海莲花注册地及服务器所在地分布

于网络安全的重视并没有停留在口头上。2021年9月1日，中央推出并开始施行《关键信息基础设施安全保护条例》。该条例为我国下一步数字经济的发展画下了清晰且坚实的红线和底线，提升了我国网络安全整体的防御意识和水平，是建设网络强国极为关键、极为必要的一次战略部署。对于网络安全行业来说，重视网络安全服务机构在建设国家网络防御体系中发挥的重要作用，对行业发展有积极正向的促进作用。

同一天，《中华人民共和国数据安全法》正式实施，着重聚焦数字化转型过程中可能出现的状况与问题。比如许多智慧城市、企业在数字化转型过程中，都完成了大数据的积累，然而其中很多受益者在享受大数据带来的红利之余，却不愿意承担相对应的责任，保障大数据的安全。该法的出台必然能起到警醒和监督的作用，改变"只受益、不担责"的状况，也能让企业明白自己手里的数据与国家安全息息相关。

网络安全的概念已经提升到国家战略安全的高度，是新基建的"基建"。为此，我根据近20年来的实战经验以及对网络安全市场发展的理解，总结了以下三点建议：

第一，树立国家安全的总体观念，实施安全战略，统筹传统安全与非传统安全，建立国家安全的坚固屏障，并将安全发展的意识在各领域、全过程中贯彻执行。做到积极防范、主动化解可能在我们现代化进程中出现的潜在风险。高度重视国家安全体系及能力建设，保障国计民生，将平安中国提升到新高度。

第二，坚持科学发展观，顺应时代发展趋势，强调忧患意识并贯穿到各级政府、企业和个人。充分认识到数字化建设与网络安全、数字安全建设之间的关系，树立数字安全是数字化的基础的意识，把数字安全当作国家、城市和企业数字化转型发展的先决条件。

第三，用系统思维的方法论构建数字文明时代的数字安全能力体系，摒弃以传统安全方法应对新挑战的思路，自上而下地做好体系化的顶层设计。在加强体系的获得、积累、提升和输出能力同时，通过安全底层建设、连接、整合、盘活现有的安全产品和组件，构建起数字安全的基础设施。有了安全基础设施，安全能力才有依托，才能有机会进行对数字安全运营能力的培养、队伍的锻炼，实现生态和产业的发展，并且向各个部门、机构提供持续不断的安全服务，为我国的现代化建设保驾护航。

国家、政府、社会、时代都在要求我们："安全是发展的前提，发展是安全的保障，安全和发展要同步推进"。在国家加速推进建设数字中国的进程中，我们更加需要自上而下形成一个重要的共识，这个共识就是"安全是数字文明时代的基座"！希望整个行业能够一起努力，将这一共识贯彻落实，提升专业的体系化的数字安全防护能力，筑牢数字安全屏障，为政府和企业的数字化转型升级提供安全保障。

第三章
数字化新场景面临复杂安全挑战

便捷高效的智慧城市、自动驾驶的汽车、高度自动化的无人工厂……科幻电影一样的未来数字化场景，每一个人都充满着期待与幻想。

但数字化程度越高，安全风险越大。

网络攻击，导致城市停电、汽车故障、工厂停工等事件屡见不鲜，昭示着安全行业的巨变。

不仅包括传统的计算机安全、网络安全，还包括新兴的大数据安全、人工智能安全、物联网安全，以及数字经济、数字政府、数字社会中各种应用场景的复杂安全问题。

网络安全已经难以涵盖数字文明时代的各种安全新挑战，亟待升级为数字安全（图 3-1）。

图3-1　数字化新场景面临的安全挑战更加复杂

3.1 数字化带来安全新场景

很多人把数字化看作是信息化的简单延伸和升级，是更多信息系统和软件的堆叠。但这过于简化了数字化带来的变化。我们之所以要把数字化定义为继工业革命之后的最重要生产力变革，主要是因为数字化将与实体产业结合，对产业、城市进行彻底的再造。

我们可以设想一个场景：有一个生产玩具的工厂，早期玩具的每一个部件都需要手工打造，或人控制机器来完成，以至于每条流水线都挤满了工人。到了信息化时代，个别流程可以通过软件控制机器来完成，而且效率比纯人工要高出很多，质量也更高；那么到了数字文明时代，这家工厂的流水线会是什么样子？给每一条流水线都配置一个软件系统吗？

当然不是，工厂会由一个统筹全部制作流程的系统操控，系统会与每一条流水线上的每一个工艺流程进行实时的数据交互，收集到的数据通过 5G 上传到云端数据中心，而后系统会得到处理、计算的结果，并将它作用于制作流程之中，这样才是一套完整的数字化的生产流程。在这样的场景中，只需少数几个监控、记录系统运行数据的运维人员，工厂完全不需要人工劳动力，这就是我们所谓的"黑灯工厂"（图 3-2）。

"黑灯工厂"只是数字化带来的智能化场景的冰山一角，目前主流的数字化场景还包括关键基础设施、工业互联网、车联网、金融科技、智慧医疗、

图3-2 完全实现自动化的"黑灯工厂"

数字政府、智慧城市、能源互联网等。

数字化的程度越深，应用场景越丰富，安全风险也就越大。当大家都在构想数字化如何让生活更美好、更高效时，360始终坚持在做"鸡蛋里挑骨头"的事。可能有些人觉得，我们做安全的人都有点"变态"，一般人看一件新生事物，往往关注的都是其美好的一面，而我们却是要从中发现问题，找到潜藏的安全风险，并给出行之有效的解决方案。网络上流传一句话叫作"哪有什么岁月静好，不过是有人替你负重前行"。在数字化变革中，360愿意成为这个时代的"负重者"，替国家、政府、企业和个人解决安全有关的各类问题，让大家享受岁月的静好，免受安全问题的侵扰。

接下来，我会挑选智慧城市、工业互联网和车联网三个典型场景进行具体解读。

3.2 智慧城市场景带来的安全新挑战

　　城市一直都是人类文明、社会发展和政治经济的集中地，随着数字化建设的不断深入，智慧城市的轮廓愈发清晰，智慧城市的落地应用也多了起来，那么背后所隐藏的数字安全风险也是智慧城市不得不面临的问题。

　　未来网络战的主战场很可能会以城市为主体，因为越发达的国家，城市化率越高，比如美国、日本，当然也包括中国，都在规划大城市群。或许在未来，一个国家国内生产总值的 80% 都将聚集在城市，80% 的人口以及关键基础设施也将聚集在城市，城市已经成为数字文明时代最易遭受网络攻击的新主体。可以说，没有数字安全的防护，城市的社会治理、经济发展和日常生活的健康稳定也难以保障。

3.2.1 科技的背面是巨大数字安全风险

　　智慧城市营造了无限美好的想象空间，然而站在安全的角度，风险同样也与日俱增。因为智慧城市必然会是一个高度复杂的数字化环境，其组成部分不仅有千千万万个联网的政府部门和事业单位，同时还会有一些重要的数字化基础设施，比如智慧电网、智慧交通云和大数据中心，以及城市中难以计数的物联网设备、数字化终端和 IT 设备，还有这些设施、设备产生的以

EB 计的商业、政务、个人大数据。在如此复杂的数字化环境中，应用场景无法用传统的思路去界定，网络边界也会因此变得模糊不清，这会导致可能会受到网络攻击的暴露面呈几何倍数的扩大，安全防护的脆弱性也成倍增加。

总体来说，就是城市的整体架构在软件之上，将会面临城市生命线安全、数字政府安全、智慧交通安全、数字社会安全等方面的安全挑战。

城市生命线安全

城市生命线主要是指水、电、气等关乎城市正常运转和老百姓日常生活的关键基础设施。近些年来，随着"万物互联"程度的加深，尤其是工业互联网、物联网、车联网等，通过把传统生产生活场景中不用联网的设备、基础设施纷纷连接到了网络之上，使得以往只能发生在虚拟世界中的攻击，能够通过网络渠道渗透到现实世界里，转变为对老百姓生活造成实质影响的侵害，比如工厂停工、城市大面积停电、社会停摆等。

2021 年 2 月 5 日，某网络黑客秘密入侵了美国一家饮用水处理厂，通过工厂内的监督控制和数据采集系统（SCADA），增加了饮用水处理过程中的氢氧化钠（碱液）含量。要知道，氢氧化钠是一种具有高腐蚀性的化学物质。试想一下，如果这些水流入了居民区，将会造成多么可怕的后果，这相当于利用网络攻击完成了一次关乎上万条生命的"投毒"事件。庆幸的是，工厂的工作人员及时注意到了相关剂量的变化，在危害发生之前及时解决了问题。

事后经过当地警方、联邦调查局（FBI）以及美国特勤局（USSS）的联合调查发现，该饮用水厂的网络系统存在严重的安全漏洞，他们正在使用的是对于一家现代工厂来说早已过时的操作系统——TeamViewer（一款桌面共享软件），而且设置了防护能力极低的密码，且所有员工通用一套密码。事后，经过进一步的调查，证明该黑客就是通过 TeamViewer 软件入侵到工厂系统中的，这样的系统对黑客而言简直就是摆设，如入无人之境。

虽然这是一个让人后怕的个例，但没人能保证相似的事件不会再发生，也没人敢保证下次工作人员也能注意到剂量的变化。可能会有人说，此次安全事件主要是因为工厂的防护能力太过于薄弱。但是对于一些高专业度的黑客组织来说，很多企业或工厂的网络防御工程也基本形同虚设。

数字政府安全

政府各个部门数字化，最本质的目的是为了提升工作效率和质量，更好地为老百姓服务。比如将部门机构的各种行政审批、公告、通知等事务性工作数字化、网络化，让老百姓能够足不出户，通过手机和网络就可以把事情办妥。

但是相对的，不管是老百姓个人信息的保存，还是政府各个部门运作过程中产生的数据，甚至是整个数字化、网络化的体系，都有可能被网络犯罪分子"盯上"，引发安全事件。

2021 年 2 月 5 日，印度安全研究人员 Sourajeet Majumder 经过调查研究后发现，印度西孟加拉邦卫生和福利部的政府网站存在安全漏洞，致使数百万份的 COVID-19 测试结果从该网站泄露。Majumder 称："这些报告包含了公民的敏感信息，例如姓名、年龄、样品检测的日期和时间、居住地址等。"

智慧交通安全

智慧交通是一座城市不可或缺的组成部分，在一些科幻电影或者书籍里，对于各种高科技、未来感的交通，也有很丰富的体现。但是如果我们的交通网络、航空系统、地铁和高铁网络等遭遇了黑客组织攻击，小则造成交通出行受阻，大则会影响人民生命财产安全。

2022 年 4 月 17 日，加拿大著名航空公司阳翼航空（Sunwing Airlines）遭受到了网络攻击，出现故障，导致这一天所有的航班都受到了影响而被延误。

4 月 21 日，阳翼航空发布声明称，自本月 17 日起，公司遭受网络袭击以来，已经有 188 个航班无法正常运转。由此导致大量旅客滞留多伦多的皮尔逊机场，甚至有许多乘客被困在机场很多天。

直到 4 月 22 日，阳翼航空的航班才恢复正常状态，但网络系统仍旧只能缓慢运转，旅客的登机效率也很缓慢。

事后，根据阳翼航空发布的消息显示，"此次网络安全事件的源头，是由于公司的第三方系统供应商 Airline Choice 遭到网络攻击所致。"

数字社会安全

数字社会是一个综合场景，是医疗、金融、教育等场景十分重要的组成部分，也是商场、超市、酒店等贴近日常生活的组成部分，随着整个社会的数字程度不断加深，这些领域的数字建设也在紧锣密鼓地进行着。然而，这些场景的数字化带来的不仅仅是便利，还有越来越严重的安全威胁和安全事件。

2022 年 3 月，由 McAfee Enterprise 公司和 FireEye 公司合并而成的 Trellix 发布一份研究报告。根据报告内容显示，从 2021 年 11 月底开始，韩国高级持续性威胁组织 DarkHotel 就发动了对我国澳门地区豪华酒店的网络攻击，其目的就是窃取入住澳门鹭环海天度假酒店、永利皇宫等知名酒店消费者的信息。

2021 年 12 月 7 日，DarkHotel 将一封伪装成澳门政府旅游局的邮件，发送给了 17 家不同的酒店，并以调查酒店入住人员的名义询问："请打开带有启用内容的附件，并说明这些人是否住在酒店？"

Trellix 的调研人员称，一旦酒店人员打开这封钓鱼邮件，其中携带的病毒软件就会入侵到酒店的数据系统中，窃取相关数据。

另外举一个例子，2021年5月，黑客入侵了马克西姆斯（Maximus）的数据系统，连续两天访问了由该公司管理的俄亥俄州医疗补助提供商的信息数据，包括医疗补助提供者的姓名、出生日期和社会安全号码等。后来马克西姆斯发表了一份声明表示，这些数据大概率已经被不法分子盗取。

而城市遭受类似的攻击案例并不少见，全面完成数字化反而可能会让攻击变得更多，负面影响也会更大。有趋势表明，城市已经成为网络犯罪组织攻击的重点目标，且攻击对象不再局限于设备、系统，而是扩展到了数据。他们对城市政府部门、公共事业单位、关键基础设施的攻击会使得整个城市的运转和服务陷入停顿，进而造成极为严重的经济损失和社会后果，上述案例就是最好的证明。

3.2.2 国家出台《关键信息基础设施安全保护条例》推动城市数字安全建设

在未来所有的数字化场景中，智慧城市绝对是重中之重，因为它是所有数字化技术、思想、应用的集大成者，比如说智慧交通、数字政府、关键信息基础设施、工业互联网等都集中在城市。智慧城市也是国家数字经济发展的主体之一。

正因为智慧城市的建设极其重要，也就成为敌人觊觎的重点攻击目标，尤其是智慧城市中的关键信息基础设施，因此对它的保护就显得尤为重要。所以，国家制定和颁布了《关键信息基础设施安全保护条例》（以下简称《保护条例》），这是提高我国网络安全防御水平的重要举措，也是建设网络强国的战略部署。

作为一部关键信息基础设施领域的专项行政法规，《保护条例》的颁布给将来建设、维护相关基础设施提供了一定的参考和指导，意义非常重大。其中有五大亮点值得我们关注：

第一，明确了关键信息基础设施的认定。在《保护条例》中，明文确定了关键信息基础设施的范畴、认定原则和组织流程。更加值得注意的是，能源、电信等领域的关键信息基础设施成为国家优先保障重点。

第二，明确了网络安全保护责任制。在《保护条例》中特别对关键信息基础设施运营者提出了要求，也就是，一定要设置专门的安全管理机构，并从运行经费、人员配备、参与网络安全和信息化有关的决策等资源保障和组织程序上确保关键信息基础设施保护的投入和落实。

第三，明确了常态化网络安全检测。《保护条例》要求关键信息基础设施的运营者、保护工作部门以及国家网信部门应当定期对设施进行本行业、本领域和国家级的、常态化的网络安全检测。

第四，强调了专业性支撑和保障。《保护条例》提出，网信部门、公安机关、保护工作部门等有关部门要对运营者提供技术支持和协助。当然，作为建设和维护力量的一部分，网络安全服务机构也要不断提升自身能力水平。

第五，《保护条例》全方位地压实了责任。在明确了各方职责后，《保护条例》通过各种处罚规定，重点压实了关键信息基础设施运营者的主体责任，规定了网信部门、公安机关、保护工作部门、网络安全服务机构及其主管人员和工作人员的责任，增加了对网络安全从业人员和关键岗位人员的要求，强调任何个人和组织不得实施非法侵入、干扰、破坏关键信息基础设施的活动。

这部法规的出台对经济的发展也有着重大的意义，因为**关键信息基础设施的安全防护是企业生产经营的底线和红线**。通过《保护条例》我们可以看出，此政策的制定是希望通过政策法规的及时卡位、规范、公正和透明，在顶层设计上给信息化发展提供可操作的安全指南，在安全的前提下促进经济高质量发展。

3.3 工业互联网场景带来的安全新挑战

在传统的工业工厂中，一条生产线的效率往往受制于生产能力最低的环节。从全局来看，这一特征的存在，无疑会拉低整个车间的生产效率。而随着信息化、数字化的普及与加深，越来越多的工厂和生产线开始向智能化、无人化转型，智能机器统一协调的工作节奏，极大地提升了车间以及工厂的生产能力和效率。

智能化的设备、无人车间以及通过大数据优化的生产线，在某种程度上确实可以说重构了传统工厂。但不容忽视的是，日趋频发的工厂数字安全事故造成的影响、危害和损失也早已不是传统安全事故可比，尤其是在工业互联网万物互联的背景下，数字安全也将成为一个所有人都不能忽视的生产因素。

3.3.1 工业互联网重构传统企业

2021 年 8 月 2 日，我在参加"2021 全球数字经济大会京津冀工业互联网协同发展论坛"时，曾提到过这样一个观点："工业互联网是产业数字化的应用先导，也是数字产业化的关键载体，因此，工业互联网是数字产业化和产业数字化的交汇地带，推动实现数字与实体深度融合、信息与物理耦合驱动，未来无限可能。"

中国工业互联网研究院发布了《中国工业互联网产业经济白皮书（2021

年)》，根据报告数据显示，2020年我国工业互联网产业增加值规模达到3.57万亿元，名义增速达11.66%；预计2021年，工业互联网产业增加值规模将达到4.13万亿元，占国内生产总值的比重上升至3.67%。种种数据和现象都表明了工业互联网已经成为推动国民经济高质量发展的最主要动力之一。未来，在数字化全面成熟的时代，它的带动作用还将更加突出、更加明显。毫无疑问，工业互联网将会带来巨大的经济社会效应。

工业互联网改变了传统的企业架构以及整个生产逻辑，通过物联网技术将工厂中人、机、物串联为一个整体，并将生产过程中产生的信息与数据源源不断地传输到云端。工厂服务器会对海量的数据进行处理分析，规划出更合理的生产流程再反馈回生产线，以此提高生产质量和效率（图3-3）。在工厂之外，工业互联网也能打通上下游供应链企业的供需关系，形成高效协作的产业集群，提升产业价值。

图3-3　用平板监控系统软件对智能工厂汽车工业中的机器人自动臂机焊接进行控制和检查

在新一代的企业架构里，大数据、物联网、云平台等新一代数字技术和高效的供应链关系，在助力企业增效创收的同时，也如同智慧城市、智能网联车一样，工业互联网也存在诸多的安全风险和挑战。

3.3.2 四大安全风险困扰工业互联网的发展

工业互联网是数字文明时代最主要的场景之一，常使用的数字技术也都在我编的字母歌"IMABCDE"中。因此，从时代的大背景来看，工业互联网也面临着如同智慧城市、智能汽车一样的网络威胁，即一切皆可编程、万物均要互联、大数据驱动业务三大特征所带来的风险。下面我跟大家分享一个关于工业互联网漏洞的真实案例。

2019年1月22日，卡巴斯基实验室发布报告，称其已经帮助识别并修复了 ThingsPro Suite 中7个以前从未被发现的安全漏洞。ThingsPro Suite 是一个工业互联网平台，能够自动从工业设施运行的操作技术（OT）设备中收集数据，并将数据上传到物联网云平台中进行分析处理。由于它的解决方案可以作为互联网技术和操作技术安全域之间的连接点，所以其中存在的漏洞可能让攻击者有机可乘，获得对工业网络的访问权限。

在两周的时间里，卡巴斯基的安全专家对该产品进行了前概念研究，以测试它是否能够远程利用漏洞，结果便发现了7个零日漏洞。其中最严重的一个漏洞可能允许网络攻击者在目标工业互联网网关上执行任何命令，而另一个漏洞可以使攻击者获得超级管理员权限，进而获得更改工业设备的能力。

设想一下，如果这些漏洞不是安全防护公司发现的，而被带有不良目的的网络组织发现并利用它们发起攻击，那么将会造成的严重后果是不可想象的。在数字化转型的浪潮中，安全威胁不再只是纸面上的概念，对企业、工厂造成的危害也不再只停留在新闻里，而是实实在在发生在你我的身边。根据我多年来的观察和经验总结，数字文明时代中的工业互联网面临的挑战大致可以分为以下四种：

第一个是物联网安全。由于工业互联网的场景中存在大量的传感器、生产设备和工控设备，在万物互联的时代背景中，工厂联网设备呈指数级增长，必然会导致工业互联网的暴露面增大。而且，作为典型的物理信息系统（CPS），工业互联网打通了数字世界和现实世界，使得网络攻击可以延伸到实际生产环境中，造成物理危害。面对如此庞大的可攻击面，传统防护思路中的单点防御根本难以为继。

此外，这些工控设备基本都是嵌入式设备，传统场景下从未考虑过联网，因此缺乏相关的安全防护设计，一旦在线运行，很容易成为攻击者的目标。一般而言，工控设备都是 7×24 小时不间断工作，不但漏洞修复存在很大的难度，而且即便是短时间的停工也会造成重大的经济损失。

第二个是数据安全。除了大量传感器、工控设备日常运转所产生的数据，企业的服务里还大都储存着公司重要敏感的信息与数据。而且，我在本书第一章中就讲到过，数据是数字经济时代的石油，是极为关键的生产要素。一旦这些数据被破坏、加密或滥用，必然会给企业带来经济以及品牌声誉上的严重损失。

第三个是云安全。如今云技术已经普遍为企业所接受和使用，公有云、私有云、混合云等架构共存，使得企业之间的网络边界不复存在，物理边界的网络防护也很难再奏效。就单个企业而言，由于工业场景数据种类多种多样、用途复杂，仅是治理就存在很大的难度，更遑论云端成为企业的资源池和神经中枢之后所面临的风险。另外，各地分支机构需要接入企业云端总部，远程办公、移动办公、客户接入需求常态化，云端身份认证的问题尤为突出，带来的安全隐患也不得不重视。

第四个是供应链安全。打通供应链能够实现产业协同，提升效率，但从安全的角度来说，一整条产业链也形成了一损俱损的局面。比如某一家供应商更新系统、使用开源软件，或是工厂中的某些设备被预置后门漏洞，都有可能导致整个产业链受到网络攻击。

这里涉及的供应链攻击，它是指通过在受企业信任的第三方合作伙伴所使用的软件或硬件产品中，植入漏洞或攻击代码，利用双方的信任关系逃脱企业的安全检测，入侵到目标网络之中，实施恶意网络攻击。常见的供应链攻击途径或载体主要有4种，分别是软件服务器、软硬件研发平台、开源软件等第三方代码库以及软硬件产品预置后门漏洞。

但是在供应链安全防御体系落地的过程中，我们也发现，有一些企业是很难承担全供应链防御的成本的，甚至有一些中小微企业根本没有这种能力。为此，我们在2022年3月推出了面向中小微企业的360企业安全云，解决他们"裸奔"的窘境（图3-4）。

图3-4　守卫虚拟服务器室的安全官

3.4 智能网联车场景带来的安全新挑战

近年来，我国智能网联汽车呈现强劲的发展势头，2021 年，L2 级（组合驾驶辅助）及以上乘用车新车市场渗透率已超过 20%，预计到 2025 年将突破 50%，智能化、网联化已经成为汽车乃至交通行业未来发展的必然趋势。

与此同时，汽车作为最重视安全的行业，在保障物理安全的同时，更要保障智能网联汽车的数字安全。随着智能网联汽车的数字安全隐患不断显现，网络攻击事件也越来越多，数字安全正在成为智能网联汽车所面对的重大安全问题。

3.4.1 安全是用户对汽车最基础的要求

汽车行业一直是最为重视安全的行业之一，因为汽车安全直接关系到驾乘人员的生命安全，所以安全绝对是这个行业最基础、最重要的立身之本。

但传统汽车安全往往局限于物理安全的范畴，很多安全设施也都在汽车行业率先采用，比如安全带、安全气囊、刹车、安全椅等，这些装置都具备一套完整且成熟的标准，关键是他们并不联网，就像一座座的孤岛，很难通过网络的方式远程被外部攻破。

但是智能网联车不同，它是软件定义汽车，有很多功能都是由软件控制的，比如油门、刹车、方向盘等，各个零部件之间也不再由统一的总线连接，而是通过更加高速的、通用的以太网来连接，汽车内部就算是一个小型的局域网。每一个功能单元，比如与座舱的交互、娱乐系统、导航等，可能还会配有一个独立的处理器计算实时数据。处理器之间也会实时通信、交互信息，使汽车能够顺畅地工作。在汽车的外部，车端的网络会实时与车厂连接，在行驶的过程中，汽车会将运行时产生的各类数据上传到云端，也会从云端接收数据，包括基于高精地图和交通路况的导航信息。

或许对于普通用户来说，这一切高科技装置给自己带来的是便利，但是作为一个在安全领域深耕多年的从业者，我们更多看到的却是隐藏着的无数安全隐患。

自动驾驶汽车的智能逻辑来自大数据训练，而数据则是通过汽车运行收集而来，一旦某个环节出现漏洞导致数据被污染，就有可能导致车厂云端的大数据不准确（图3-5）。那么反过来，从车厂到每一辆汽车的数据传输随时都有被用心不良的黑客攻击的可能。我之前经常会把智能汽车比喻为"四个轮子上的一部超级手机"，但转念一想，这么比喻并不恰当。因为，即便手机被

图3-5　自动驾驶实际就是"机器人"驾驶汽车

黑客入侵，最多是个人账号或者财产的损失，然而汽车出问题，危及的是人的生命。

意识到问题的严重性后，我们做出了积极的应对，2014 年成立了智能网联汽车安全实验室（360 Sky-Go），并且与国内很多车企、教育机构联手，获得了不错的研究成果。

跟大家分享一个真实案例，2019 年 Sky-Go 团队对梅赛德斯－奔驰进行了信息安全测试研究，以车载娱乐主机（Head-Unit）、车载通信模块（HERMES or TCU）、车联网通信协议（ATP Protocol）及后端服务（Backend Services）等主要联网模块为研究对象，利用首创的通用智能网联汽车系统研究方法搭建测试平台，深挖车厂、汽车系统存在的安全漏洞。

为确保研究精准性，360 Sky-Go 安全团队"广撒网"，收集了涵盖美国、加拿大、中国、俄罗斯共计四个版本的奔驰智能汽车核心组件——车载通信模块（HERMES），最终，初步发现了 19 个相关潜在漏洞，比如包括 CVE-2019-19556、CVE-2019-19557、CVE-2019-19558、CVE-2019-19560 在内的 7 个通用漏洞披露（Common Vulnerabilities & Exposures，CVE）漏洞。

经 360 Sky-Go 团队深入研究发现，利用安全漏洞形成的完整攻击链路，可实现对多个系列奔驰汽车的电力、动力系统的远程无接触控制并进行复现，其控制场景包括对前后车门、车窗、车前灯、雨刷器的开启关闭。

19 个漏洞的浮现可谓声声"炸雷"，因此 360 Sky-Go 第一时间遵循"漏洞披露"正规流程，向奔驰信息安全团队通告了漏洞细节，并积极响应漏洞修复。两天后，奔驰安全团队关停了部分与漏洞相关的服务，并开始漏洞修复工作。最后，在 360 团队的协助下，奔驰安全团队 17 天修复所有涉及后端访问的漏洞。

2021 年 12 月，同样是 360 Sky-Go 团队发现了 BlackBerry（汽车领域最大的操作系统供应商之一）推出的汽车操作系统 QNX 的安全漏洞。在车用市场，包括奥迪、保时捷、福特、宝马等全球知名汽车厂商的产品在内，有超过 230 种车型的数千万辆智能网联车在使用 QNX 系统。该系统的市场占有率高达 75%，也就是说，每四辆车中就有三辆车使用了该系统。我们发现的漏洞足以影响系统的多个版本，是绝对不容忽视的巨大安全隐患。在报告了相关信息后，360 Sky-Go 团队获得了 BlackBerry 的致谢以及"Super Finder Status"荣誉称号（图 3-6）。

图3-6　梅赛德斯-奔驰公开致谢360 Sky-Go安全团队

因此，当汽车的数字化程度越来越深，整个汽车的零部件都必须要重新编程。因为，车与车厂联网之后，面临的风险将前所未有。未来数字安全和物理安全将会变得更加密不可分，这也是为什么当整个智能汽车行业的数字化转型升级时，360 必须要关注数字安全问题。

或许会有人说，就像做杀毒软件一样，360 开发出汽车版的杀毒软件或防火墙不就解决问题了吗？把原来解决手机安全、网络安全或电脑安全的传统思路简单地照搬到汽车领域，肯定是行不通的。汽车的安全防护更加复杂，它需要一直接收从服务器下达的指令，整个防御逻辑发生了变化。举个例子，如果你的汽车正行驶在高速路上，汽车软件弹出一个疑似威胁的指令，你是否敢果断地做拦截，如果拦截错了，拦截了一个真正需要执行的指令，就有可能导致车毁人亡这样极为严重的后果。

3.4.2 新时代、新汽车、新挑战

在数字化转型大趋势中，国内外诸多车企为自己设立了智能的"人设"，智能车、无人驾驶、辅助驾驶、新能源等新概念层出不穷，这些宣传无疑迎合了普通消费者对于智能车的好奇与期待。随着市场和技术的不断成熟，其中的一些概念和设想也正在从虚拟走入现实。

众所周知，一辆汽车从设计到出厂存在繁杂的环节，涉及诸多其他行业、产业的技术。未来是万物互联的时代，车企与其他行业、产业的联系只会更加紧密。所以我们不能把智能汽车仅仅视为汽车工业单个行业里的革命，而是能源行业、数字化产业、互联网行业以及汽车行业都参与其中的一次具有重大意义的基因重组。

那么，在这样一场巨大的产业升级和变革中，360 又扮演了什么角色呢？我的答案是作为数字安全的赋能者，站在安全的角度，智能网联汽车的智能化、数据化、网联化，颠覆的不仅是汽车的底层结构，也重新定义了汽车行业的安身立命之本——安全。

在变革的进程中，我总结汽车行业面临的新挑战主要有以下四个：

第一个挑战是代码数量增加，车载系统安全缺陷激增（图 3-7）。

挑战1: 代码数量增加 车载系统安全缺陷激增

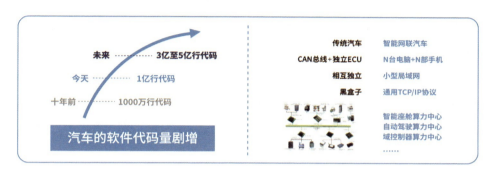

· 漏洞不可避免，漏洞无处不在，**每千行**代码中就有**4~6个**安全缺陷
· 开源软件广泛使用、漏洞众多，**每个代码库**约有**158个**漏洞

图3-7 汽车行业面临的第一个挑战

在燃油车时代，衡量一辆豪车的标准之一是马力，2.8升马力的汽车比1.6升的更加高档。而在智能网联车时代，衡量标准可能会从马力变成算力。未来每一辆智能汽车都会配备一个计算中心，用以从云端接收指令、计算行驶过程中各种各样的数据并上传至服务器。

配有计算中心最直接的后果便是代码量成倍增加。传统机械时代、信息化时代汽车的代码量可能是几百万行；数字化转型之中，代码量可能就已经到了千万数量级，甚至可能迈入了1亿行的大关；未来带有自动驾驶、无人驾驶功能的智能车可能需要3亿到5亿行代码。而有代码就不可避免地存在漏洞和Bug。根据最新的统计，2016—2020年，全球汽车数字安全事件的数量增长了近10倍。

其实，车载系统本质上是新型智能移动终端，智能座舱、自动驾驶等几大算力中心之间通过高速以太网连接，使得智能网联车更像是"N台电脑+N部手机"混杂在一起的小型局域网，它们彼此之间频繁交互，从而致使网络风险增加。因此，对任何一辆智能网联车来说，首要面对的网络挑战就来自内部网络。

可以肯定的是，随着技术和理念的发展，未来的智能网联汽车将会成为一个与人类朝夕相处的移动生活空间。但与之对应的各类提供智能化、人性化服务的 APP 应用又会引入新的未知风险。

另外，传感器也会带来安全风险。智能网联汽车集成了大量的摄像头、雷达、测速仪、导航仪等传感器，导致智能终端存在的远程控制、数据窃取、信息欺骗等安全问题已经陆续出现在智能汽车的场景之中。

第二个挑战是，智能汽车作为万物互联的典型代表，物联网增大了被攻击面，云端隐患直接威胁车辆安全（图 3-8）。

挑战2: 万物互联增大攻击面 云端隐患威胁车辆安全

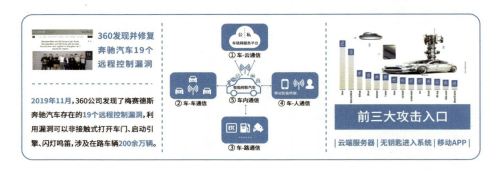

· 汽车与周围环境相互连接，包括V2V（车-车）、V2N（车-网）、V2I（车-路侧设施）、V2P（车-行人）
· 所有智能网联汽车都将连接到车企的云端服务器，不断上传行驶状态的各种数据，远程接受指令

图3-8　汽车行业面临的第二个挑战

车联网是万物互联最具代表性的场景之一。随着车与外界进行信息互通（vehicle to everything，V2X）相关技术的不断发展，车辆与人、其他车辆、道路、环境等一切外部元素通信，带来智慧交通的变革。然而，技术发展一方面带来的是便利，另一面则是安全威胁。万物互联让汽车的受攻击可能性大大增加，为黑客提供了无数个攻击入口，无钥匙进入系统、移动 APP、车载

娱乐系统，甚至充电桩都可能成为攻击的入口。

从 360 近 20 年的实战经验来看，智能汽车面临的最大威胁反而来自车厂自身的网络。未来所有的智能网联车都在实时地跟车厂云端服务器进行信息与数据的交换，或是上传、下载数据，或是不断地更新软件。其间最大的危险在于，车厂服务器发出的任何一道指令，汽车都会无条件地执行，假设车厂的服务器被污染、劫持，汽车的安全、车内人员的安全都只在攻击者的一念之间。据统计，2020 年，将近三分之一的汽车网络攻击事件是通过云端服务器发起的。因此，车企内部服务器的安全也成为衡量智能车安全的指标之一。

第三个挑战，车企网联程度不断提高，供应链安全隐患巨大（图 3-9）。

挑战3: 车企网联程度不断提高 供应链安全隐患巨大

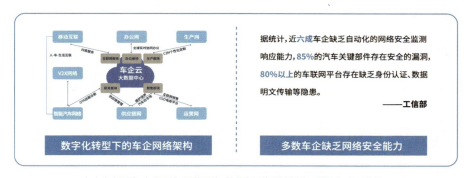

车企生产网络、办公网络、运营网络、供应商网络开放程度不断提高，相互连接，
车企成为安全的重大薄弱环节

图3-9　汽车行业面临的第三个挑战

按照工业 4.0 的标准，车企的生产车间必然会日趋智能化、联网化、无人化，直至形成"黑灯工厂"（图 3-10）。车企的生产网络需要与内部办公网络、上下游的供应链厂商、4S 店的销售网络等相连接。除此之外，设备与设备之间、网络与网络之间的层层相连，使得网络连接结构变得无比复杂，如果其中的某一个点、某一个环节出现问题，那么其他部分的网络防护做得再好可

能也无济于事。

图3-10　智能化水平越来越高的汽车工厂

2022年3月1日，央视新闻报道，由于一家零部件供应商遭受到了严重的网络攻击，使得丰田公司的零部件供应管理系统受到影响。因此，后者宣布他们在日本本土的所有工厂，包括14家工厂和28条生产线全部停工，这是一起发生在车企的供应链攻击典型事件。

另外，日本的一家媒体报道："（丰田零部件供应商）确实受到了某种形式的网络攻击，当前仍在确认损失规模，且正在尽快恢复丰田的系统。"此处提到的"系统"，指的是丰田正在打造的一种名为"看板方式"的生产管理系统。在丰田400家左右的一级供应商中，有很大一部分加入了这个管理系统。其实说到这里，大家一定能够联想到供应链安全，而本次的安全事故也确实是一次供应链攻击，甚至有可能影响到丰田的整体系统。

根据相关的调查结果显示，生产经典车型"卡罗拉"的高冈工厂和生产高档车型"雷克萨斯"的田原工厂都受到了严重影响。而且，丰田公司所有工厂停产一天就将减少 1.3 万台汽车的产量，造成的损失之大不言而喻。

在将来，车企需要直接向消费者提供在线升级、更新服务，所以会从 To B 的业务模式转为 To C，也就意味着汽车的网络要联网，那么车企与智能车需要面对的网络威胁便不只有内部的网络链条，还有从互联网世界发起的网络攻击。

大多数车企的工作重心、资源和资金投入的侧重点都在行业相关的技术之上，对于数字安全的重视程度与投入明显是不足的。一旦车企的网络防护被突破，那么整个车联网运营体系都将面临瘫痪，所有与服务器相连接的智能车也会出问题。据工信部统计，近六成车企缺乏自动化的数字安全监测响应能力，85% 的汽车关键部件存在安全漏洞，80% 以上的车联网平台存在缺乏身份认证、数据明文传输等隐患。

第四个挑战，大数据驱动智能，数据安全风险攀升（图 3-11）。

挑战4: 大数据驱动智能 数据安全风险攀升

车辆功能失效

自动驾驶、智能座舱基于大数据训练，攻击造成汽车功能失效

用户隐私数据泄露

车主身份、通讯录、出行轨迹、驾乘习惯、车内语音图像等

起亚汽车遭网络攻击，导致车载信息系统服务中断和数据泄露

2021年2月，起亚汽车美国公司遭到网络勒索攻击，黑客攻击了车企的重要服务，包括车载信息系统及APP、支付系统和经销商网站，导致敏感数据泄露和全美800家经销商IT服务中断，赎金高达2亿元。

智能网联汽车集成了大量的摄像头、雷达、测速仪、导航仪等传感器，持续采集车内外人员、位置、环境等敏感数据，并源源不断地汇聚到云端服务器上，造成极大的数据安全隐患

图3-11　汽车行业面临的第四个挑战

一辆智能汽车的组件中包括了几十个摄像头、多种雷达以及各式各样的

测速仪和导航仪，车辆在行驶过程中，会通过上述设备和仪器持续不断地采集车内外人员、位置、交通和环境等信息，这些都是极为重要且敏感的数据。当数据上传至云端后，又会反过来驱动智能汽车自动驾驶等功能。这一过程就存在着重大的数据安全风险。

一方面，自动驾驶、智能座舱等功能的提升依赖于算法训练，一旦遭到数据攻击，车辆的功能面临失效风险；另一方面，车主身份、通讯录、出行轨迹、车内语音录像等个人隐私数据存在泄露风险。举个例子，在2021年2月的时候，著名的起亚汽车就遭遇到了数据勒索攻击，并被黑客要求支付1.35亿元的赎金。

从专业的角度来看，很多汽车为了业务去采集数据，却没有足够的能力保护数据，这是让人十分担心的行业现象。

汽车与老百姓的日常生活、生命安全紧密相连，干系重大，其数字安全不能等闲视之。为此，我在2022年的两会上提了一个提案，就是在汽车领域建立智能网联车"数字空间碰撞测试"长效机制。数字安全讲一百遍不如打一遍，这个提案的初衷就是借鉴传统汽车领域的物理碰撞测试，转为针对智能网联车的数字空间碰撞测试，去检测智能汽车软硬件、通信、云平台、数据、供应链等方面的防御能力。

在具体施行的时候，我们应该先明确网络安全的主体责任方，也就是各个车企。然后在相关部门的指导之下，合理运用安全行业的优势，搭建一个第三方测试平台。而且在实际测试的时候，一定要保证测试环境的保密、可控，因为这些数据十分重要，甚至关乎用户的人身财产安全。测试之后，平台可以出具测试报告。当然，如果在测试过程中发现了问题，也应该责令车企认真整改。

通过数字碰撞测试，可以帮助车企从"云、管、端"等多个角度，全方位验证车辆的安全能力，帮助车企防患于未然，及时发现漏洞，化解风险，以此督促车企从合规导向走向能力导向。

此外，这种数字碰撞检测应该由国家统筹安排，强制所有的智能网联汽车都必须进行"数字空间碰撞测试"。对于已出厂的智能网联车，可以要求车企做态势感知和监控，后者也应该建立对出厂车辆安全异常行为的监测机制，通过对车联网环境下重要零部件数据的采集，结合分析预警和威胁情报，分析和应对安全威胁，做到威胁的可感、可视、可追踪，进而保证终端用户的安全。

3.5 简单安全问题升级为复杂安全挑战

安全行业中提到的简单安全问题，通常指的是传统网络环境中遇到的安全挑战，即普通用户认知中的小病毒、小木马、小蠕虫。之所以把它们定义为"简单问题"，是因为站在数字化技术相对普及的今天，那些简单安全问题传播途径和危害单一，使用的技术和手法也相对落后，杀毒软件、防火墙足以应对，很难再对如今用户的生产生活造成太多的影响，可以用简单的因果关系就可以解决小病毒、小木马、小蠕虫等传统安全问题。

那么什么又是复杂问题呢？相较于简单问题来说，它的复杂性体现在聚合的技术、攻击手法及其背后体现出的数字化思维。面对复杂的安全问题，单独的某一项技术、某一款工具很难完美应对，使用简单方案也无法彻底解决，必须推出体系化的解决方案。

2019 年 12 月 21 日，RavnAir 集团对外宣布，由于企业 IT 网络遭到恶意网络攻击，公司内所有使用 Dash 8s 机型的航班都被取消。

对于何时才能恢复正常的运营和使用，RavnAir 集团表示可能需要超过一个月的时间，才能让所有受影响的 IT 系统完全恢复。在此之前，该集团旗下包括 PenAir 和 RavnAir Connect 在内的航空公司可能仍旧会出现航班取消和延误的情况。

虽然 RavnAir 集团并没有提供有关本次网络攻击的详细信息，外界初步判断是维护系统受到勒索软件的攻击，很有可能是因为维护系统的整体运营状况不佳，比如相关安全系统、运维人员不专业、运维思想过于落后等。

此外，对一个国家而言，数字文明同时带来了一个巨大的安全挑战，即难以将网络问题限制在网络环境中，避免其对现实世界造成重大危害。比如，在介绍智慧城市、智能网联车时所举的案例，如果稍有不慎，这些网络攻击造成的后果，将不再是毁坏一台计算机、一个系统，而是对社会造成难以设想的危害。

至此，我们可以得出一个结论：在数字文明时代，简单安全问题已经升级为复杂安全挑战，计算机安全、网络安全已经升级为数字安全。总结来说，复杂安全挑战可以分为几种基础安全问题，分别是云安全、大数据安全、物联网安全、新终端安全、供应链安全、区块链安全、人工智能安全。

云安全。云技术是未来各个数字化场景、行业都必不可少会使用的一项技术，最常见的应用便是企业以及存储数据的云平台，大大提升了社会信息、数据运转和人们生产、生活的效率。但是，云技术给产业带来便利的同时，也带来了诸多安全挑战。比如，以混合云管理数字资产时，需要在物理机、共有云、私有云三者之间跨域管理，增加了管理难度。此外，云技术也在一定程度上了打破了虚拟与现实之间的防护边界，使得数字安全难度大增。

大数据安全。大数据是指在未来的各个场景中，比如智慧城市、工业互联网都会产生数据，甚至一辆智能网联车也会产生大量数据。这些数据上传云端之后，经过分析处理再作用到各个场景，优化各个环节。因此，将大数据形容为数字文明时代的"石油"也不过分。但是，层出不穷的数据勒索、数据泄露事件也预示着，大数据安全必将成为新时代安全的重点。

物联网安全。物联网是指未来是数字文明时代，同样是万物互联的时代，虚实之间不再存在明显的边界，这就使得物联网安全其实就是现实世界的安全。举个例子，智能汽车的各个关键零部件都会联网，即便一个细微的环节出现问题，也有可能危及全局，甚至是车内司机和乘客的安全。工业互联网、智慧城市、智慧医疗等场景都会面临同样的问题，而且由网络空间触及现实世界，可能会再次让人受到更难以承受的伤害。

新终端安全。新终端则是指未来的终端不再局限于智能手机、电脑，这个概念会扩展到人们生活的方方面面，比如各种家用电器、孩子的玩具，甚至是桌椅沙发。在"万物均要互联"一节中列举了一组有关智能设备安全的数据，这显著表明了，终端安全已经蔓延在你我身边了。

供应链安全。供应链是指万物互联的概念不只是虚拟与现实之间的连接，同样存在于网络与网络之间。在传统安全思路中，往往会认为，我只要防护好自己的网络安全就可以高枕无忧。这样的理念在新时代是无立足之地的。因为，企业的网络会与上下游的供应链、经销商相连，他们被突破，便极有可能意味着我们的网络也处在危险之中。由此数字安全领域专门设定了一个概念：供应链攻击。在 360 过往的市场经验中，我们见识过太多因为信任的供应商被突破，从而导致企业受损的案例。

区块链安全。尽管很多人都坚信，区块链在算法上是绝对安全的，但近些年也出现了接连不断的安全问题，导致很多用户的数字货币被不法分子偷窃。区块链阵地的失守，再次向我们印证了一个真理：只要人们使用的产品、软件或者任何一项事物，是以代码为基础的，那么就一定存在漏洞，唯一的区别就是漏洞是否容易被发现，而非不存在。而且，在人们认知中越是安全，越是意想不到的领域，往往越可能出现一个史诗级的或者是惊天动地的大漏洞。这是我们不得不提前审慎思考的。

人工智能安全。人工智能面临七大安全挑战：硬件、软件、通信协议、算法、数据、应用和社会伦理。随着人工智能在数字化场景中的广泛应用，这些安全挑战将会不断涌现。

不管是面对可能到来的网络战，还是复杂的数字安全挑战，传统的安全防御思路已经跟不上时代的需求。我们必须跟随技术进步和环境变化的脚步，形成数字化思维支撑的新一代安全体系，才能确保新环境、新场景的数字安全。

3.6 计算机安全、网络安全升级为数字安全

如前所述，随着信息技术的发展，信息安全行业也经历了不断的演变、深化过程，无论是从保护对象、攻击手段，还是从危害程度、防护难度等方面，都发生了巨大的变化。我们根据实践概括起来，信息安全主要是经历了从计算机安全到网络安全，再到数字安全这样一个发展轨迹。我将对不同的信息安全进行了对比，让大家有一个更清晰直接的认知（图3-12）。

计算机安全、网络安全已经升级为数字化安全

进入数字化安全时代，保护对象、主要威胁、危害程度、防护难度等都发生了根本性的变化

要素 \ 时代	计算机安全	网络安全	数字安全
保护对象	计算机软件	网络系统	无处不在
核心资产	计算机	网络	数据
主要威胁	病毒、木马、蠕虫	APT	APT、勒索攻击、网络战
主要对手	小蟊贼	黑客	国家网军、网络犯罪组织
攻击手段	感染、挂马、蠕虫传播	网络攻击、社会工程学攻击	无所不用其极、超限战
关键因素	软件	漏洞	人+漏洞
危害程度	小	大	很大，远超物理攻击
防护难度	小	大	没有攻不破的网络

图3-12　计算机安全、网络安全、数字安全对比图

所谓计算机安全，按照通俗理解来说，就是个人电脑中种种数据和资产的安全。2000年年初，计算机逐步成为中国老百姓办公、娱乐、获取信息的

最重要工具之一。但是，在个人电脑走进千家万户的同时，电脑病毒也随之而来，并开始在网络上蔓延，对人们的工作和生活造成了一定程度的影响。

相信大家都听说过一个电脑病毒叫作"熊猫烧香"，或是看过该病毒在国内肆虐的新闻，甚至有人可能不幸"中招"过。被感染的电脑上会展示那个十分经典的图标——一只手持三根香的熊猫，这也是社会将该病毒命名为"熊猫烧香"的原因。虽说在全国范围内的影响深远，但其实熊猫烧香的制作者并没有获得与影响相匹配的收益。从后续的调查得知，这些黑客制作病毒，攻击他人电脑仅是出于"炫技"的目的。

随着时代与科技的进步，网络成为社会生产必不可少的一环，计算机和互联网与国民生活、工作、娱乐的联系也在逐步加深，网络用户成几何倍增长。截至2019年6月，我国网民规模已经达到了惊人的8.54亿。伴随着这些改变，计算机安全升级为了网络安全，并开始影响人们生活和工作的方方面面。

在网络安全的环境中，黑客们攻击目标不再是某一台电脑，而是从计算机扩展到了网络空间。他们的目的也不再是炫技、谋求名声，转而开始关注企业的资产，比如用户信息、财务数据等，并以此牟利。同样的，跟大家分享一个案例。

2011年12月21日，黑客攻击了国内知名的开发者社区和IT技术交流平台——中国软件开发者网络（Chinese Software Developer Network，CSDN），造成该网站超过600万注册用户的信息被泄露，其中包括注册邮箱等敏感信息。紧接着，天涯社区也遭到了网络攻击，大量用户信息被公布在互联网上。然而，令互联网行业惶惶不安的是，数据泄露事件并没有就此停住。8天之后，即2011年12月29日，电商领域"沦陷"。支付宝、京东商城、当当网也相继被曝用户信息遭到了泄露。其中，当当网发文称已经向当地公安报案。

相较于计算机安全，网络安全的影响力和危害程度已经不可同日而语。个人计算机受到攻击后，损失大都局限在一台电脑上，而网络安全则是一家公司、一个平台，甚至动辄数以百万计、千万计的用户数据和信息被窃取泄露。

2020 年，中国的新基建战略加快了包括 5G 在内的新一代数字化技术的建设力度和普及程度，为全新的数字化场景打下了坚实的基础。从国家的宏观角度来看，构建网络强国、数字中国成为发展的主旋律，数字化建设工作进入新篇章。但是在发展的同时，数字文明时代的世界整体都将架构在软件之上，脆弱性将前所未有。计算机安全、网络安全升级成为数字安全。

数字安全与前两者最大的不同在于，安全问题已经突破了虚拟空间的限制，将"战火"烧到了现实世界。根据 IBM 公司于 2020 年的调研数据显示，多达 468 起的网络攻击事件使得社会关键基础设施和大型工厂受到损伤，这一数字比 2019 年增加了近 50%，对数字安全问题的防护已经迫在眉睫。

第四章

外部威胁不断升级，未来安全无小事

数字世界最主要的威胁并不是病毒、木马或是个体黑客炫技式的网络攻击，而是有组织、有高水平技术能力的网络力量，甚至是国家级力量的入场，以国与国对抗为目的的网络攻击。

网络战成为数字世界的最大威胁。

网络战的攻击手段不断扩展，高级持续性威胁攻击、勒索攻击、分布式拒绝服务攻击、网站攻击、供应链攻击，为达目的无所不用其极。

外部威胁的十二大特点，带你认识不一样的网络攻击威胁（图4-1）。

图4-1　网络战成为数字世界的最大威胁，共有十二大特点

4.1 网络战、高级持续性威胁攻击和专业化犯罪成为新时代的主要外部威胁

前文中，我重点分享了数字化内在的脆弱性蕴藏着更大的安全风险。而与内在脆弱性相对应的，是数字化的外部威胁也不断升级。

当前，数字安全行业发展的一个重要趋势，是一般性网络攻击正在上升为网络战、数字战。尤其是仍在持续的俄乌冲突，也让我们看清一个变化：国家背景的网络战、高级持续性威胁攻击已经成为大国对抗的主流，网络攻击目标、手法、产生的破坏，都突破常规。此外，过去的小蟊贼已经鸟枪换炮，升级为专业化的网络犯罪组织，技术能力不亚于安全公司，勒索攻击、挖矿攻击、供应链攻击、分布式拒绝服务攻击、网站攻击，都驾轻就熟。这一切都指向一个结论：未来安全无小事。

网络战成为新的战争形式

我们先谈网络战。网络战主要以"干扰、破坏敌方网络信息系统，保证己方网络信息系统的正常运行"为目的，采取的一系列网络攻防行动，因为其烈度可控、隐蔽性，正成为数字时代新的战争形式。通过网络战，攻击方一方面不费一兵一卒破坏敌方的指挥控制、情报信息、防空预警等军用网络系统，另一方面还可以破坏、瘫痪、控制敌方的关键基础设施、政府网络等事关国计民生的网络信息系统。甚至以社交媒体为载体的舆论战也成为网络战的新形态，目的是争夺关于战争合法性的话语权、战争进程解释权，引导

社会舆论、影响民意归属，以达到"不战而屈人之兵"的奇效。

事实上，俄乌冲突中的网络战，刷新了人们对战争的认知——网络战已经不是幻想，而是现实。而且网络战正与传统战争结合，演变为数字战争，甚至在未来网络战很可能会成为战争的首选形态。

高级持续性威胁成为数字化的重要威胁

除了网络战，高级持续性威胁造成的威胁也不可小觑。高级持续性威胁是以商业或者政治目的为前提，通过一系列具有针对性、隐蔽性、持续性极强的网络攻击行为，获取某个组织甚至国家的重要信息。

从攻击形式来看，高级持续性威胁攻击常常采用多种攻击技术手段，在长时间持续性网络渗透的基础上，一步步获取内部网络权限，长期潜伏在内部网络，不断地收集各种信息，直至窃取到重要情报。

高级持续性威胁攻击之所以让人防不胜防，主要是因为它有三种状态，分别是潜伏、窃密和破坏。

高级持续性威胁攻击的潜伏期特别长。在入侵到目标网络当中后，它会隐藏自身，一般的防御系统很难发现。之后，高级持续性威胁攻击会慢慢地进行横向渗透，寻找进行下一步动作的最佳时机，也有可能以当前的网络系统为跳板，向企业、机构的网络进行全面渗透。

如果我们不能在这个时候看见它、抓住它，高级持续性威胁攻击就会有很高的概率对目标的网络系统、数据安全带来极大的隐患，比较常见的就是窃取机密数据，将这些数据转移到外部。

另外，有些高级持续性威胁攻击会直接破坏整个网络系统，瘫痪关键基础设施或接管网站、数据中心等关键资产，使之无法正常运转。

当地时间 2022 年 5 月 11 日，哥斯达黎加总统查韦斯宣布该国政府进入紧急状态。同时还宣布，他们会成立一个危机紧急应对委员会。原来，从2022 年 4 月开始，哥斯达黎加的多个政府部门和机构，包括财政部、海关和人力资源社保机构等，都遭到了黑客的攻击，导致很多城市的支付系统、关税系统一直处于瘫痪状态。直到新闻被报道出来为止，这些部门的网络系统都无法正常使用。

根据哥斯达黎加政府的官方消息称，他们正遭受"网络犯罪分子"和"网络恐怖分子"的攻击，而且政府绝对不会支付相关赎金。

网络犯罪组织日趋专业化、组织化

在数字时代，网络犯罪已经不再是小黑客的个人炫技或单打独斗，也不在于满足于小木马、小病毒带来的收益，而是日趋年轻化、专业化，其活动也开始组织化、集团化，犯罪形式和手段也趋于更加隐蔽且多样多变，带来的威胁和后果也更加严重。

曾经有个黑客组织 GandCrab 在网上发了一个帖子，说自己缺钱，准备做勒索软件，而且他还给自己定了一个 20 亿的"小目标"。结果不到三年，它就宣布完成了目标，决定金盆洗手。在听到这个消息后我十分感慨，这是很多网络安全公司正常经营都无法完成的任务。这个黑客组织树立了一个坏榜样，刺激了很多黑客组织走上了犯罪道路。

2021 年上半年，起亚、宏碁、苹果等巨头公司都遭遇了勒索软件攻击，每起勒索要求的赎金都是 2 亿人民币起步，最高的达到 1 亿美元，约 7 亿人民币左右。一次勒索软件攻击的勒索金额可以达到甚至超过国内一家网络安全上市公司的年利润。

根据 360 多年的实战经验总结，这些专业化犯罪组织的攻击形式大致有以下几种：

1. 勒索攻击

勒索攻击是全球政企单位数字化的死对头。我用个简单的比喻来说明一下勒索攻击是怎么做的：小偷去你家偷东西，他如果撬不开你的保险柜，就在你的保险柜外部包一个更大的保险柜，也就是对你加密的数据进行再加密。这样一来，小偷虽然偷不走你的钱，但是你也用不了，你如果急着用，就只能交赎金。在勒索攻击中，网络攻击者通过对目标数据强行加密，导致政企核心业务停摆，以此要挟受害者支付赎金进行解密。

勒索攻击之所以可怕，是因为它们使用的最新技术有几十种，甚至可能有数百种，而且多以模块的形式组合而成，破坏能力远超以往任何一种网络挑战。此外，勒索软件正呈现团伙组织化、攻击目标高端化、攻击手法定向化、技术手段专业化、赎金大额化、勒索攻击产业化的特征，整体走向高级持续性威胁化。

在大数据驱动业务的数字时代，数据成为数字经济的"石油"，勒索攻击已经形成成熟的黑色产业，传统的网络安全防范在应对勒索攻击时就会显得无效，导致重大勒索攻击事件频发。为了让大家对勒索攻击有更加清晰的认识，我分享几个案例：

一是以跨国公司为代表的特大型、高价值的企业沦为被勒索攻击的重要目标。

2022 年 1 月，台达电遭到 Conti 勒索软件攻击，被勒索 1500 万美元，有 1500 台服务器、12000 台计算机在本次攻击中被加密，受影响设备占比约 20.8%。

丰台的供应商也未能幸免。2022 年 2 月至 2022 年 3 月，三家丰田供应商遭到黑客攻击，丰田不得不停止其 14 家日本工厂的运营，导致丰田每月的生产能力下降了 5%。

二是关键基础设施和城市成为被勒索攻击的首要目标。

2020 年 4 月，葡萄牙跨国能源公司（天然气和电力）EDP（Energias de Portugal）遭 Ragnar Locker 勒索软件攻击，赎金高达 1090 万美金。攻击者声称已经获取了公司 10TB 的敏感数据文件，如果 EDP 不支付赎金，那么他们将公开泄露这些数据。根据 EDP 加密系统上的赎金记录，攻击者能够窃取有关账单、合同、交易、客户和合作伙伴的机密信息。

三是中小微企业用户开始成为勒索组织的收割对象。

2022 年 1 月，温州市一家超市收银台的储值卡电脑管理系统遭"比特币勒索病毒"攻击，逾半月无法使用，商家被要求支付比特币后才能恢复。在超市花了 12000 多元购买了比特币支付赎金后，对方并未恢复超市数据。

2022 年 6 月 9 日，中国中小企业协会联合 360 天枢智库发布全国首份《2022 中小微企业数字安全报告》，报告揭示超八成勒索攻击针对中小微企业，超九成的中小微企业面对网络攻击后束手无策。

2. 挖矿攻击

对于大部分互联网用户来说，挖矿木马更像是隐藏在互联网角落中的"寄生虫"，人们对其知之甚少。所谓"挖矿木马"，就是黑客在用户不知情的情况下，将挖矿木马植入计算机系统或网页之中，利用挖矿程序依据特定算法，通过大量运算获得数字货币。

挖矿木马一般需要控制大量设备来实施挖矿，主要依靠僵尸网络和网页挖矿两种手段进行敛财。僵尸网络是黑客通过入侵其他计算机植入挖矿木马，并继续入侵更多计算机，从而建立起庞大的傀儡计算机网络一起"挖矿"。而网页挖矿则是将挖矿木马植入网页之中，在用户浏览器打开该网页时，就会解析挖矿脚本，利用用户计算机资源进行挖矿从而获利。因此，可以发现挖矿木马与"僵尸网络"相伴而生，入侵的方式多种多样，比如，软件捆绑、服务器类漏洞攻击、口令爆破等。

挖矿木马隐藏在几乎所有安全性脆弱的角落，一旦中招，电脑将变为黑客的"挖矿苦力"，出现计算机使用率飙升、死机、卡慢、发热、中央处理器及内存被大量占用等情况，严重影响正常使用。此外，挖矿木马还会对企业关键数据造成严重威胁，导致企业能耗成本大、业务系统运行缓慢、数据泄露、病毒感染等风险。

在暴利的驱动下，挖矿木马还不断使用新花招，企图掩盖罪行并扩大传播量。比如，有些挖矿木马会根据中招者实时使用情况进行调节，以保障不会很快被计算机检测出；有些会在用户关闭浏览器窗口后，隐藏在任务栏右下角继续潜伏挖矿；还有的会使用 Web 服务类漏洞，对企业 OA 系统、Web 服务器等进行攻击，更新迅速频繁。

更有甚者，挖矿木马也搭上了核弹级黑客武器。360 安全卫士之前曾截获了一款利用"永恒之蓝"病毒传播的门罗币挖矿木马，由于搭载了重磅攻击弹药，该木马传播量庞大，高峰时期 360 每天为用户拦截到的攻击就达 10 万次。

具体而言，黑客诱骗用户下载安装带有挖矿木马软件的方式有三种：第一种，犯罪分子以赠送"代币"的方式，诱惑受害者下载安装带有恶意代码的软件，进而入侵到目标系统当中，窃取机密货币；第二种，黑客会开发假冒的虚拟货币钱包网站，推广他们自己的假钱包应用，只要用户一下载，他们就能入侵到用户的系统当中；第三种，冒充虚拟货币交易所，跟传统的诈骗很像，他们会通知用户账号存在风险，诱骗用户安装某种软件，然后实施入侵，盗取用户财产。

根据 360 安全大脑最近的拦截数据显示，挖矿威胁正在逐步专业化、工具复合化，单点检测很难起到良好的效果，因为这些攻击导致资产被盗的用户，已经有数万人，相关的金额更是高达 13 亿美元。

比如在 2022 年春节期间，H2Miner 挖矿团伙趁着节假日期间安全运维力量相对薄弱的窗口，利用了多个漏洞武器，攻击了我国的云上主机，利用失陷主机进行挖矿，大量地消耗了被害者主机的中央处理器资源，严重影响主机正常服务运行。

根据事后的调查显示，H2Miner 挖矿团伙除了使用他们的惯用伎俩，利用 XXL-JOB 未授权命令执行攻击之外，还使用了 Supervisord 远程命令执行漏洞（CVE-2017-11610）、ThinkPHP 5.X 远程命令执行漏洞等针对多个漏洞发动攻击。

为此，2021 年 9 月，国家发改委联合十部委发布了《关于整治虚拟货币"挖矿"活动的通知》，人民银行联合十部委发布了《关于进一步防范和处置虚拟货币交易炒作风险的通知》，这些通知被称为最严格的虚拟货币政策，以此来保证广大老百姓的数字货币安全。

3. 供应链攻击

供应链攻击有点类似于借刀杀人。一般重点机构和核心数据的防御措施和保密级别都很高，防范也都很严密，犯罪组织如果无法直接攻击中枢，就通过利用企业或机构的上下游合作伙伴应用中存在的漏洞，进行渗透，逐步接近目标单位，从而对企业或机构发起网络攻击。这种攻击最致命的地方在于，很少有人会提前意识到，自己信任的合作伙伴的应用当中有安全漏洞，进一步就会渗透进自己的系统中，导致自己也被攻击。

当攻击者找到这些漏洞之后，就可以很轻易地发起供应链攻击，并利用企业的"信任"攻击企业的整个网络，窃取、加密或者直接破坏关键数据，给企业造成经济损失或者名誉损失。

2021 年 7 月 3 日，瑞典最大的连锁超市之一 Coop 表示，因其管理服务提供商 Visma Escom 遭到网络攻击，影响了该超市的收银系统和自助收银台，超市无法接受消费者付款。对此，该公司不得不暂时关闭全国约 800 家门店。

随后，Visma 证实他们受到美国知名 IT 管理软件供应商 Kaseya 攻击的连带影响。此前，Kaseya 发布公告，称其遭受了大规模网络攻击，据安全机构推测，是 REvil 的黑客组织通过袭击 Kaseya 公司一个名为 VSA 的工具，向使用该公司技术的管理服务提供商（MSP）进行勒索，同时加密这些提供商客户的文件。而黑客组织向 Kaseya 索要 7000 万美元的赎金。

Coop 是瑞典 MSP Visma 的客户，负责管理这家连锁超市的销售点系统，用于为收银机和自助结账亭供电。换句话说，Coop 只是遭受攻击的供应链上的一个企业而已。仅 Visma 就表示他们有 100 万客户。根据 Kaseya 估计，大约有 50 个客户受到此次攻击的直接影响。但他们的很多客户都是托管服务提供商，专门为其他企业提供 IT 服务，所以 Kaseya 的 CEO 弗雷德沃考拉（Fred Vocola）表示，实际受到影响的企业大约高达 800 ~ 1500 家。

4. 分布式拒绝服务攻击

分布式拒绝服务攻击，即 DDoS 攻击，是指来自不同地方的攻击者，或者同一个攻击者通过控制不同地方的计算机，对目标进行网络攻击。由于攻击的发起点不在同一个地方，所以这类攻击被称为分布式拒绝服务攻击。

分布式拒绝服务攻击是一种非常"流行"的攻击手段，因为网络犯罪组织可以伪造源 IP，使得攻击的隐蔽性特别好，很难被检测，也很难溯源，所以这也是一种极其难以防范的攻击手段。

2022 年 5 月 11 日，包括意大利参议院、意大利机动车协会、意大利国家卫生所、B2B 平台 Kompass 及意大利著名期刊协会（Infomedix Odontoiatria Italia）等多个官方网站遭到大规模分布式拒绝服务攻击，导致服务器瘫痪。整整 4 个小时，用户无法访问这些网站。同时，正在意大利都灵举办的欧洲歌唱大赛 Eurovision 投票平台也出现了无法登录投票的情况。

2022 年 8 月 17 日，俄罗斯统一俄罗斯党官网发布消息称，该网站近来多次遭到猛烈的分布式拒绝服务攻击，攻击峰值流量达到数万兆比特 1 秒。消息称，该党所有的信息系统都遭受到了攻击，几乎天天都有黑客攻击记录。据悉，实施攻击的数万个 IP 地址主要来自美国、韩国、东欧和北欧。近期，黑客的目标开始集中，想瘫痪统一俄罗斯党的官方网站。

5. 网站攻击

在近些年的网络安全事件中，经常会出现一种现象，就是某国家的某个部门官方网站被攻击者入侵，展示了他们想要传达的信息，或者导致网站瘫痪，这就是典型的网站攻击。常见的攻击方式有跨站脚本、注入攻击、流量攻击、零日攻击等。

僵尸网络是网站攻击的重要手段，它是指互联网上受到黑客集中控制的一群计算机，被黑客用来发起大规模的网络攻击。2016—2017 年，世界上最大的僵尸网络之一 Mirai 曾攻陷成千上万的物联网设备，以这些设备作为节点发起大规模攻击，导致美国东海岸大面积断网。

2022 年 7 月 17 日，阿尔巴尼亚国家信息社会局表示，由于遭到境外黑客攻击，阿尔巴尼亚政府网站、在线公共服务机构网站暂时关闭。阿尔巴尼亚国家信息社会局在一份与当地新闻机构共享的声明中说，由于"来自阿尔巴尼亚境外的同步和复杂的网络犯罪攻击，被迫暂时关闭在线公共服务和其他政府网站的访问"。

基于以上攻击方式的进化和迭代，我们所面临的安全威胁也出现了四大变化：

1. 对手变了

在传统的安全环境里，我们面对的攻击者大都是独立的黑客，他们开发出来的像是灰鸽子、熊猫烧香等木马或病毒，很多都是个人黑客的炫技，在如今的防御技术面前，根本就不值一提。这些小黑客、小蟊贼与数字安全时代的网络威胁对手根本无法相提并论，目前是像"匿名者"（Anonymous）、ANONYMOUS、LIZARD SQUAD（蜥蜴小组）、APT28、黑暗面这样有战术素养有支持背景的组织，它们具备国家级的专业水准，普通的被攻击对象根本无法与之抗衡。由于网络战面对的对手都是黑客组织和国家级的网军，手段除常规的木马、病毒、分布式拒绝服务攻击外，还有漏洞等网络武器，再加上线上线下联动，并且和平时期高级持续性威胁布局时非常隐蔽，不易被发现，再加上现在各种人工智能、大数据、区块链等新兴技术层出不穷，工业互联网、车联网、数字政府等数字化场景丰富多样，导致一旦引爆，危害会延伸到现实世界，给人无孔不入、防不胜防的感觉，已经大大超出了传统网络安全的范畴，防御挑战难度会更大。360在近几年连续发布了高级持续性威胁年度报告，对观察到的高级持续性威胁组织及其活动进行了披露。

2. 目标变了

数字时代网络威胁的目标不再只是简单地盗取个人银行卡密码或个人信

息，而是上升到了企业、城市甚至国家的级别，关键基础设施、跨国公司、政府部门等"大目标"已经成为网络威胁攻击的首选对象。例如，俄乌双方上千个政府部门、金融机构、电力产业、能源产业、核能产业等网站被攻击就是明显的案例，"震网"行动攻击的是伊朗核设施，油管事件导致美国10多个州无法加油。

3. 手法变了

在发起网络攻击前，网络犯罪组织对目标的选择是进行过详细深入研判的，并且为了达到目的还会进行长期持续渗透和伪装潜伏。这种潜伏渗透具有明确的针对性、系统性大规模布局，在周密部署后发动有序的攻击。典型代表就是高级持续性威胁攻击，这种威胁相比传统网络攻击更加狡猾、攻击链更复杂、持续时间更长、隐蔽性更强。攻击造成的危害也会是全局性的，所以"敌已在我"的战略思维绝不能丢。

俄罗斯的黑客组织提前在乌克兰的政府和关键基础设施里植入相关木马、病毒和恶意软件等；而美国情报机构、微软公司、谷歌公司等提前清除、加固等；"震网"行动中，病毒的研发和植入更是持续多年。这些都是长期准备，有备而来，不像小黑客那种临时起意。

此外，网络攻击方会采用虚拟空间结合物理空间，甚至包括利用航天卫星、间谍收买等各种极限手法，同时在战术中叠加了后门程序、零日漏洞利用、恶意代码定制等技术手段，可谓手法大而多样。比如"震网"行动中，间谍把病毒制作出来，植入U盘，潜入核武器基地；俄乌冲突中，网络战结合星链卫星、漏洞攻击、分布式拒绝服务攻击等都是多种手段的组合应用。

4. 危害变了

软件定义世界的数字化特征，决定了网络战的危害是全局性的，因此产生的后果与单点、局部的损失相比也是颠覆性的。它小则可以瘫痪一家企业，大可摧毁一个行业、颠覆一个政权的发展成果。

比如俄乌冲突中的匿名者黑客组织，其官宣对俄罗斯发动网络总攻后，短时间内就瘫痪了俄罗斯紧急情况部网站、俄罗斯 Rosatom 国家核能公司，干扰俄罗斯的军事通信、白俄罗斯的铁路服务。此外，他们还高调宣布，获取了俄罗斯、白俄罗斯境内部分摄像头访问权以及"缴获"了 100 多台俄罗斯政府和军队的打印机。它还攻击了俄罗斯最大的石油管道公司 Transneft（俄罗斯国家石油运输管道公司），导致其旗下研发部门 Omega 公司的 79GB 邮件信息被泄露，包括员工邮件信息、发票、产品发货细节等，并发布在非营利泄密组织 Distributed Denial of Secrets 的网站上。

在新时代，外部威胁正不断升级，我们对它们的认识和理解也应该持续更新迭代，只有这样才能找到更有效的应对方法。根据 360 多年来在实战一线积累的对抗经验，我们总结了外部威胁的十二大特征，在后文中将一一详解。

4.2 高级别专业力量入场

在信息化向数字化过渡的过程中，网络安全行业也在发生着巨大的变革。360 在网络安全实战对抗多年的切身体会之一，就是与我们直接对抗的力量愈发专业。以往活跃在普罗大众视野里的小黑客、小蟊贼，由他们编写的小木马、小病毒已经不足为虑，杀毒软件就足以应对。但是随着整个社会的数字化、联网化，牵扯到的利益巨大化、复杂化，黑客组织、网络犯罪组织以及网络对抗力量的级别也随之越来越高（图 4-2）。可以预见的是，在未来以国家力量为支撑的高级持续性威胁组织的攻击势力以及针对政府部门的攻击将

图4-2　网络攻击者从小蟊贼变为黑客组织

日益猖獗，造成的危害与影响也非以往木马、蠕虫等电脑病毒所能比拟的。

2021 年 7 月 3 日，有媒体报道了全球知名网络解决方案供应商 Cisco Talos 的市场调研结果，黑客组织 SideCopy 正在试图学习并模仿 Transparent Tribe、Sidewinder 等其他多个顶尖黑客组织的通信协议（Time-Triggered Protocol，TTP）特点，发起针对印度国防部和该国军事人员的网络攻击。

此外，这个黑客组织也曾诱骗亚洲和中东地区国家政府机构的人员，利用虚假的新冠疫情相关信息和数据，欺骗他们去点击带有恶意文件的网站。

2021 年 11 月，据国外的媒体报道，脸书的母公司 Meta 公开了一些 SideCopy 发动的钓鱼攻击。数据显示，仅在 2021 年 4 月至 8 月这段时间里，SideCopy 就不断利用脸书的私信功能持续作恶。他们会冒充年轻女性来引诱他人点击带有恶意软件的链接，而受害者的电脑上就会下载一个应用软件。

根据 Meta 的信息，这些应用软件其实都带有木马病毒。病毒大致可以分为两种，一种名为 PJobRAT，它是一种可以远程访问的木马病毒，印度的军队曾被该病毒入侵过；第二个则是一种首次展现在世人面前的 Mayhem 病毒，它可以突破设备的访问权限，进而检索包括联系人、短信和通话记录等非常敏感的个人信息。

Cisco Talos 曾对 SideCopy 进行过十分深入的调查，最终发现，这个黑客组织最主要的攻击目标几乎都位于印度境内，加之该组织的很多操作和另一个黑客组织透明部落（APT36）有关。种种迹象表明，SideCopy 也与南亚某国存在着关系。

除 SideCopy 之外，ScarCruft（APT-C-28 组织）同样是一个有国家背景的高级持续性威胁组织，其相关攻击活动最早可追溯到 2012 年，且至今依然保持活跃状态。APT-C-28 组织主要针对韩国等亚洲国家进行网络间谍活动，其中以窃取军事、政治、经济利益相关的战略情报和敏感数据为主。

显而易见的是，大部分情况下针对一个国家的国防部门发起高级持续性威胁攻击，攻击者必然抱有针对性目的，他们不太可能因为钱财或者炫技去攻击一个有如此庞大力量的组织。所以我们可以推断出，SideCopy 这个黑客组织或者其背后的支持者必然也是国家层次的高级别力量。

总体趋势表明，网络空间的对抗正在升级，对抗的力量越来越庞大，级别越来越高，造成的影响和危害愈发严重，没有哪个国家能独善其身。也就是说，不管是主动还是被动，在数字文明时代的网络战场中，每个国家都会参与，高级别的专业力量也会不断入场。

曾经有人问过我一个带有调侃意味的问题：为什么其他的技术都是不断地进步，越来越智能，越来越有利于改善人们的生活，唯独数字安全越来越难做？世人都说邪不胜正，怎么你们这帮做数字安全的正义人士，老是斗不过罪犯。其实讲老实话，他们之所以会问这样的问题，有很大一部分原因是对数字安全领域不了解。

以 360 的发展历程为例，在个人电脑、手机上做免费杀毒软件打击炫技式的黑客、木马也算是卓有成效。但数字安全与个人杀毒软件完全是两回事，政府部门、各个企业需要面对的是高级别的专业力量，甚至可能是有国家力量作投入、做支撑的对手，这种实力完全是不对等的。下面我举一个例子，这是由 360 发现的国外国家级力量对我国长达十余年的网络攻击案例。

2022 年 3 月，360 曝光了某大国国家安全局对我国实施的一起网络攻击。为达到该国政府情报收集目的，他们通过网络武器量子（Quantum）攻击平台针对全球发起大规模网络攻击，我国就是重点攻击目标之一，包括如政府、金融、科研院所、运营商、教育、军工、航空航天、医疗等行业重要敏感单位及组织机构，占比重较大的是高科技领域。

量子攻击是该国国家安全局针对国家级互联网专门设计的一种先进的网络流量劫持攻击技术，主要针对国家级网络通信进行中间劫持，以实施漏洞利用、通信操控、情报窃取等一系列复杂网络攻击。量子攻击可以劫持全世界任意地区任意网上用户的正常网页浏览流量，利用零日漏洞进行攻击并远程植入后门程序。利用量子攻击技术能够针对世界各国访问脸书、推特、油管、亚马逊等网站的所有互联网用户发起网络攻击，另外像QQ等中国社交软件也同样是他们的攻击目标。

据360的报告分析，遭受窃取的数据包括各国人口数据、医疗卫生数据、教育科研数据、军事国防数据、航空航天数据、社会管理数据、交通管理数据、基础设施数据等。这种攻击是无差别的，除中国以外，很多西方国家也是该网络攻击的目标。

该国国家安全局隶属国防部，专门从事电子通信侦察，主要任务是搜集各国的信息资料，揭露潜伏间谍通信联络活动，为政府提供各种加工整理的情报信息。为监控全球目标，该国国家安全局制订了众多的作战计划，360安全专家通过对其专属的Validator后门配置字段的统计分析，推测其针对中国的潜在攻击量非常巨大，仅Validator一项的感染量最保守估计应该在几万的数量级，数十万甚至百万都是有可能的。

全球遭该国国家安全局窃取的数据包括网络配置文件、账号和密码、办公和私人文档、数据库、网上好友信息、网络通信信息、电子邮件、摄像头实时数据、麦克风实时数据等。这种攻击是无差别的，其可以劫持全世界任意地区上网用户的正常网页浏览流量。

该国国家安全局也将通信行业视为重点攻击目标，长期"偷窥"并收集关于通信行业存储的大量个人信息及行业关键数据，导致大量网民的公民身份、财产、家庭住址，甚至通话录音等隐私数据遭受恶意采集、非法滥用、跨境流出的严重威胁，全球数亿公民隐私和敏感信息无处藏身犹如"裸奔"。

德国《明镜》周刊曾报道，某大国国家安全局曾窃听欧盟在某大国和布鲁塞尔的办公设施，渗透其电脑网络，发动网络袭击，甚至监听包括德国总理在内的欧盟国家领导人和高级官员，监听范围非常广泛，不仅截获手机短信和电话内容，还能获取互联网上的搜索内容、聊天信息等。

如果对安全领域稍有关注的人就会发现，越来越多的国家开始加大对数字安全领域的重视与投入，建立的"网络军队"也越来越强大。统计数据显示，全球已有120多个国家和地区以国家力量和资源成立了网军，比如以色列的"8200"部队、俄罗斯的信息作战部队、韩国反黑客部队等。2019年1月19日，法国国防部长弗洛伦斯·帕尔丽提出了一份加强本国网络防御力量的战略，宣称法国当局准备在2025年之前在网络安全领域再增加16亿欧元的投入，并会额外聘用1000名安全领域的专业人士，如此一来，法国届时将会有4000名左右的网络安全领域的专家。在这方面，美国更是花重金投入，根据公开数据显示，美国在2017—2020年这四年间，分别投入了72.2亿美元、81.6亿美元、85.0亿美元、96.0亿美元，呈现逐年递增的趋势。而这些钱也都花在了研发网络武器、改善网络系统、加强网络作战等核心项目上。

从和平的目的来说，防御的力量当然是越强大越好，但是有的时候防御力量同样能够调转矛头用以进攻。例如，各个国家的高级持续性威胁组织，他们掌握有国家级的人才与资源，他们同样会研究各种新的漏洞、各种新的攻击技术，可想而知，由此类高级别作战力量发动的网络攻击，不是一般的政府和企业机构能单独应对的，必然会造成可怕的后果与影响。

除了各个国家正在加强网络力量之外，我们要面对的网络犯罪组织也在不断发展，变得越来越专业，攻击力量越来越强大。

比如 APT-C-26 集团（Lazarus 组织），是东亚非常活跃的高级持续性威胁组织之一，该组织长期对韩国、美国等国家进行渗透攻击，后续攻击目标渐渐扩大到印度、菲律宾、越南、孟加拉国等亚洲国家，并且长期以金融行业、航空航天行业、军工行业、制造行业、媒体业的公司等为攻击目标。

Lazarus 组织真正映入我们眼帘的是2014年的索尼影业入侵事件。这一年，索尼影业经历了一次惨痛无比的巨大危机，公司的计算机系统遭到了一大群外部黑客的攻击，Lazarus 组织被普遍认为是肇事者。

事件源起于索尼影业在 Youtube 上首发了电影《刺杀金正恩》预告片，仅仅 10 天之后，Lazarus 组织就入侵索尼影业窃取 11 太字节的敏感数据，其中包含泄露大量的还未发行的影片资料，以及高管间的秘密邮件和员工的隐私信息，促使索尼公司不得不宣布取消该电影的发行和放映计划。

此次事件，无疑刷新全球安全界对该黑客组织的认知。Lazarus 逐渐衍变成了一个全球性的黑客组织，先后导演了入侵孟加拉国央行账号、使用 WannaCry 大范围勒索、攻击五大数字货币交易所、破坏印度 KNPP 核电站的重大安全事件。安全界厂商认为，Lazarus 组织的影响已经远非一般高级持续性威胁组织所能及。

目前，Lazarus 组织堪称全球金融机构的最大威胁。

根据 360 高级威胁研究院的长期追踪，自 2014 年起，Lazarus 的"敛财"攻击持续增强，美国、孟加拉国、俄罗斯、挪威、墨西哥、澳大利亚、印度、波兰、秘鲁等国的金融市场无一幸免，主要手段包括入侵金融机构、银行网络、ATM 机和 SWIFT 系统，从而转走大量资金。

2017—2019 年，全球数字货币交易中，约 6.4 亿美元的数字货币被 Lazarus 组织盗取，其中，Youbit 在经历两次黑客攻击后，直接申请破产。

Lazarus 组织除了对金融领域感兴趣外，也对全球的政府机构、航空航天、军工等不同行业开展攻击活动，甚至最新发现，他们不乏对安全行业、安全研究人员等专业人士发起社会工程学攻击的踪迹。

Lazarus 组织极擅长针对不同行业制定社会工程学攻击，他们会花很长时间融入相关行业，伪造行业机构身份、行业人物角色以骗取行业目标人群的信任，从而实施攻击。

比如，"破壳行动"就是用推特等社交媒体针对安全研究人员精心设计的社会工程学攻击事件，整个策划部署过程大致如下：

2019 年 8 月，Lazarus 组织成员加入推特等社交媒体，扮演安全研究人员的身份角色，从 2020 年 9 月开始通过社交媒体接触安全研究人员，总共花费了不少于 4 个月的时间融入安全行业的网络社交圈。

2020 年 10 月，Lazarus 组织又建立起 Blog 技术交流网站（blog.br0vvnn[.]io）。其 Blog 内容包含已公开披露漏洞的文章分析以及不知情的合法安全研究人员的"来宾"帖子，以此试图在其他安全研究人员中建立更多的信誉。

在攻击活动实施期间，该组织还通过 Blog 技术交流网站发布了多篇漏洞技术分析文章，因被多家网络安全媒体转载，进而增加了行业知名度。

2021 年 1 月，Google 安全小组监测到 Lazarus 组织制作和发布的多个包含恶意代码的漏洞 POC 工程文件，他们以安全技术交流的方式骗取安全研究人员信任并共享有毒"POC"源码包，在安全研究人员编译有毒"POC"的过程中悄悄安装后门程序。

总体而言，Lazarus 组织的行动呈现几大明显特征。

特征一：具有较强隐蔽性和超长潜伏期，就如 2013 年发现的专门针对韩国发起的 DarkSeoul 大规模 DDoS 攻击行动，其实早在 2007 年就开始活跃，也就是该攻击行动实际潜伏并隐蔽了长达 6 年之久。

特征二：针对其活动时间有调查结果表明，该团伙成员属于极端型的工作狂，每日工作时间长达 15～16 个小时，从密集的攻击"成绩"可见，Lazarus 组织俨然是业内多年来所知的"最勤劳"的团伙，也成为全球各行业重点防范的"眼中钉"。

特征三：该组织具有强烈的政治背景，基于政治原因，尤其是随着地缘政治紧张加剧，出现了大量刺探、窃取情报、牟取经济利益的攻击行动。

这些破坏活动在当时都造成了十分重大且恶劣的影响，另一方面也说明了成熟黑客组织的专业能力和强大影响力。因此我们要清晰地认识到，经过多年的发展，宏观层面的网络防护对象不再是被动的木马、蠕虫病毒，而有可能是国家级力量发起的有针对性的、处心积虑的攻击，单一的杀毒软件或者防火墙在他们面前犹如一张纸一样单薄，唯有倾注同等力量，构筑的全方位体系化的防御系统方可应对。

4.3 关键基础设施、城市和大型企业成为首选目标

在传统的战争之中，主要城市的公路、铁路、机场等设施一般都是双方重点攻击的目标，一旦破坏了敌人的这些关键基础设施，对方的进攻、反击力量必然会被大幅度削弱，进而赢得胜利。其实，在网络空间的对抗同样可以视为一场"战争"，相较于热武器的传统战争，网络战烈度可控，成本低且具有很强的保密性，甚至可以达到传统作战无法企及的效果。既然是有针对性、破坏性的对抗，如同传统战争一样，主要城市的关键基础设施也将会是主要的攻击目标。

按照人们对未来社会认知的共识，当城市、工厂、交通等场景连入互联网之后，一旦敌对力量神不知鬼不觉地侵入、破坏，可能在很短的时间内就能让整个工厂、城市停摆，引发社会秩序的动荡与混乱。

2019 年 3 月 7 日，委内瑞拉发生了全国性质的大停电。全国 23 个州中，包括首都加拉加斯在内的至少有 18 个州遭到了波及，受影响的人群接近 3000 万。这是自 2012 年以来，该国时间最长、影响地区最广的大停电事件。

8 日晚 7 点左右，委内瑞拉首都加拉加斯部分地区开始陆续恢复供电。委内瑞拉有关部门在调查时发现，电力系统（图 4-3）疑似遭到了网络高科技手段的攻击，这很有可能是本次大停电的罪魁祸首。

图4-3　高压电线和风力发电

9日中午，委内瑞拉全国大部分地区，包括前一日恢复供电的首都部分地区再次停电。到了9日晚上，电力系统和通信网络依旧处于"半瘫痪"的状态。

直到13日，委内瑞拉政府才宣布全国范围内的水电体系基本恢复。

根据一家美国媒体的报道，马杜罗曾说："经确认，美国的确发动了一次网络攻击。我只能说攻击来自休斯敦和芝加哥。对电力系统、通信网络和互联网发动的攻击来自美国这两座城市。针对委内瑞拉的迫害来自五角大楼的命令，由美军南方司令部直接执行。"

俗话说"福无双至祸不单行"，就在第一次全国大停电刚刚恢复后的第五天，也就是3月18日，委内瑞拉首都加拉加斯地区的多个变电器爆炸，导致该地区又一次停电。

3月25日，在委内瑞拉至少有16个州再次发生大规模的停电，交通也因此陷入了"大拥堵"的瘫痪状态，机场、医院、银行等重要机构和基础设施也基本停摆，老百姓的生活受到了极其严重的影响。

3月27日，委内瑞拉全国80%地区的电力才陆续恢复。

4月9日，包括委内瑞拉首都在内的多个地区第三次失去了电力供应。

即便从全球范围来看，委内瑞拉本次全国范围的大停电，时间之长、范围之大、影响之广也是非常罕见的。

大家都知道，电力是现代社会赖以生存的基础，电力系统的安全直接关系到了国家的安全、社会的稳定以及全局经济的发展。至于未来的各种设施与设备智能化、联网化的需求，全面数字化社会对电力的依赖必然会更进一步。

信息安全公司赛门铁克曾发布调研报告称，许多西方国家的电力基础设施已经被黑客所渗透，并且强调到"（黑客）完全有能力去破坏国家整体的电网设施"，同时报告还列举了一系列美国电力能源公司被黑客攻击的事件与案例。

为了防止报告中类似的攻击事件再次发生，美国能源部不惜在数字安全工具与技术领域投入大量的资金与资源，用来提升国内电、气、油等能源输送控制系统的安全对抗能力和防护能力。除此之外，美国还专门组建了6个国家级的实验室，用以开发配合新一代电网监控系统的漏洞验证、风险分析、应用方式，以及相关人员的信息共享等新兴技术。

更有甚者，美国为了防范敌对黑客力量针对本国电力系统可能发起的攻击，不仅特意安排了专门的网络部队，还训练了"网络战士"，有针对性地提升电力系统安全防御能力。当然，除电力能源领域之外，美国国土安全部曾多次组织名为"网络风暴"的演习，用以锻炼、提升政府部门和私营公司共同应对网络攻击的意识和能力。

从安全防御的角度来说，美国此举并没有过激，反而是一个国家在应对级别与力量愈发高精尖的网络威胁时，能够推出十分恰当的应对措施。大家可以参考以下案例。

2021 年 7 月 9 日，有媒体报道称，伊朗交通部门的铁路系统遭到了不法组织发起的网络攻击，攻击者在该国境内各地车站的信息显示板上发布了"因网络攻击而延误了很长时间"和"取消"等虚假信息。攻击者还将伊朗最高领导人阿亚图拉·阿里·哈梅内伊办公室的电话公之于众，诱导受影响的旅客致电索取更多信息，可谓嚣张至极。

虽说后续伊朗国家铁路公司的发言人说，本次网络攻击没有造成破坏，火车服务也并未因此中断，但不可否认的是，本次攻击的确引起了"前所未有的混乱"。

再比如 2020 年 1 月 9 日，有媒体报道美国拉斯维加斯遭受到了极其严重的网络攻击，城市的计算机系统被破坏。

事发之后，拉斯维加斯市政府同样发布了紧急声明，表示已经启动了紧急事件响应程序，相关信息技术部门进入了"战斗状态"，相应的保护措施和事件影响评估也都已经有序开展。虽说进行了及时有效的应对，但仍有一些部门和单位的服务器出现了中断情况。

有报告数据显示，拉斯维加斯平均每月会面临将近 28 万次的网络攻击，即便其中大部分只是尝试性的攻击，但也足够使得该城市时时刻刻处于被网络攻击包围的状态。

基础设施是一座城市、一个国家维持正常运行的支撑点。没有电、没有铁路会对社会造成何等严重的影响与破坏，或许只有切身体会之后才能深刻理解其中的痛苦和危害。正因为关键基础设施和主要城市牵扯广泛影响重大，所以才会成为网络攻击的首要目标，反过来说，也应当是防守的主要目标。

我国于 2021 年 9 月 1 日起实施《关键信息基础设施安全保护条例》（以下简称《条例》），《条例》回应了国家对网络安全的重大关切。网络安全是我国数字经济的底线和红线，是提高我国网络安全防御水平的重要举措，是建设网络强国的战略部署。一方面，《条例》确立了关键信息基础设施的范畴、认定原则和组织流程，进一步明确了网络安全保护责任制和网络安全检测的常态化；另一方面，《条例》还十分强调专业性的支撑和保障，在明确各方职责后，通过处罚规定等，重点压实了关键信息基础设施运营者的主体责任，增加了对网络安全从业人员和关键岗位人员的要求。

4.4 数据成为新的攻击对象

在数字化和数字经济相关的因素中，大数据当之无愧地占据着中心的地位。在未来，不论是大型互联网公司，还是智慧城市、工业互联网、车联网、新基建等数字化场景，绝大多数的业务逻辑都会从传统的以业务、产品、流程为中心，逐渐转向以数据为中心。

国家更是出台文件，把数据定义为继土地、劳动力、资本、技术之后的第五大生产要素，赋予了数据非同一般的重要价值。因此，将数据形容为数字经济时代的"石油"也毫不过分。

正因为数据极端的重要性，逐渐成为网络攻击的主要目标，数据的数字安全风险已经遍布数字化所有的场景中，比如数据滥用、数据泄露、数据污染、勒索攻击、数据的窃取等。而一旦政府或企业的敏感数据被锁定、勒索、泄露，必然会造成重大经济损失，甚至整个系统的瘫痪。数据安全的重要性已经达到前所未有的高度。

2022 年 2 月，英伟达发布公告称，公司曾于 23 日遭受到"影响 IT 资源的网络安全事件"；到了 26 日上午，有媒体报道，英伟达所谓的网络安全事件其实是一起严重的网络攻击，员工的凭证和专有信息被盗取。

26 日下午，黑客组织 Lapsus$ 在社交媒体上承认本次的网络攻击是由他们所为。后经证实，Lapsus$ 在本次事件中一共窃取英伟达将近 1TB 的数据，并威胁说，如果英伟达不能答应他们的要求，他们将会分五次完全公开所有盗取的数据。

英伟达没有坐以待毙，他们"以其人之道，还治其人之身"作为对黑客组织的回应，直接"黑"进了 Lapsus$ 团伙的机器，加密了机器中存储数据的硬盘。

27 日凌晨，Lapsus$ 对外界发布声明，公布了英伟达的行动，并表示，组织已经提前备份好了所有数据，英伟达的行动没有造成太多实质性的影响。

28 日，由于英伟达的"不听话"，Lapsus$ 公开了将近 40 万个文件，而且大部分都是英伟达关键系统的核心源代码。

后来经过相关安全机构和媒体的调研发现，Lapsus$ 是一个活跃在南美的黑客团队，过往的行动目标大都是葡萄牙语的国家和地区。比如在 2021 年 12 月，Lapsus$ 攻击了巴西卫生部，窃取了巴西老百姓接种新冠疫苗的相关信息；2022 年 1 月，Lapsus$ 攻击了葡萄牙境内最大的报社，窃取了一定量的数据。

在攻击了英伟达之后不到 10 天，Lapsus$ 再次出手，这一次的目标同样是国际市场上的科技巨头——三星。

3 月初，有媒体报道，三星集团遭遇了极为严重的网络攻击，大量敏感数据失窃。随即 Lapsus$ 表示对本次事件负责。

关键的是，Lapsus$ 并没有立即与三星集团取得联系并索要赎金，而是在网络上发布了相关数据的目录，并且表示，他们获取的数据包括三星 TrustZone 环境中关键的源代码，生物识别解锁操作的算法，激活服务器的源代码以及高通公司的关键源代码等，数据量高达 190GB。随后，Lapsus$ 将这些数据封装到三个压缩文件内，以 BT 下载的形式公开放到网络之上。

　　英伟达和三星的安全事件并不是个例，在此之前，相关的数据失窃事件可以说层出不穷。接下来，我再给大家分享几个影响比较广泛的数据被窃取、被加密的案例。

　　2021 年 3 月，韩国起亚汽车母公司现代起亚集团在美国的分公司遭受勒索软件的攻击，致使 IT 服务全面中断，包括移动应用 UVO Link、支付系统、热线服务、官网等均受到了较大的影响。在其官网上，黑客组织表示已经从美国分公司处窃取了大量的敏感数据，如果不能满足黑客的要求，数据将会在接下来的 2 至 3 周的时间里被公开。

　　根据发来的赎金提示，攻击者是善于窃取未加密文件、全面加密目标设备的黑客组织 DoopelPaymer。在赎金提示中，该组织要求起亚支付 404 枚比特币，以当时比特币的价值计算，总赎金约为 2000 万美元；他们还表示，如果起亚未能在限定日期之前完成支付，赎金将会涨到 600 枚比特币，约 3000 万美元。

　　同样是在 2021 年 3 月份，知名电脑厂商宏碁电脑被 REvil 勒索软件攻击，内部敏感数据被加密。攻击者在其网站中公布了疑似窃取数据的截图，以此来逼迫宏碁的管理层缴纳高达 5000 万美元的赎金，几乎是宏碁全年净利润的四分之一。

　　在回应 Bleeping Computer 的问询时，宏碁方面表示："宏碁定期对内部监测 IT 系统，并且成功击退大部分网络攻击。像我们这样的公司经常都会遭受网络攻击，而我们近期也向多个国家地区的相关执法部门以及数据保护部门报告了近期的异常情况。我们将会继续加强内部的网络安全基建，保护业务连贯性以及信息完整性。我们敦促所有公司以及组织遵从网络安全原则以及采取最佳措施，并且对任何异常网络活动提高警惕。"

随后，在与宏碁的对话中，黑客组织给出了一条可以查看被窃数据的链接；同时表示，如果在周三（2021 年 3 月 17 日）之前完成对赎金的支付，可以打八折。

同年 4 月，REvil 勒索病毒再次作案，他们入侵全球最大的笔记本代工厂 Quanta Computer，也即广达电脑。该工厂成立于 1988 年，与苹果、戴尔、惠普等数十家全球领先的科技公司有着十分紧密的合作关系。

在行动之后，REvil 宣称已经窃取了苹果某款笔记本电脑的设计蓝图，并表示如果苹果公司没有在 5 月 1 日之前赎回文件，他们就会选择在泄密网站公开。与此同时，REvil 还向广达电脑索要了 5000 万美元的赎金，后又将赎金提高至 1 亿美元。

其实勒索软件这个名字起得不好，让大家以为它只是一种病毒，用杀毒软件处理一下就万事大吉了。其实这在无形之中把它的危害性缩小了，因此更正确的叫法应该是"勒索攻击"。相较于其他的网络攻击方式，勒索攻击的思路属于逆向思维，非常奇葩。举例来说，一家企业把数据加密了，黑客即便偷走了也无法使用，自然不会对企业造成过多影响。但勒索攻击并不是偷走数据，而是进行二次加密，甚至多次加密。

大家可以设想一个场景：我们把钱（数据）放进保险柜里，勒索攻击并不是要撬开保险柜，而是用一个更大的保险柜把我们保险柜锁起来，没有黑客的钥匙，我们的钱（数据）就拿不出来。在这样的场景之下，企业与黑客都无法正常使用这些数据，但对双方造成的影响明显是不同的，企业迫于无奈，只能缴纳赎金。

它一共有六大特点：

第一，勒索软件团伙呈现出更高的组织性，向公司化运作发展，不同犯罪组织相互配合，形成更广泛的犯罪生态。2021年5月，科洛尼尔管道公司勒索事件幕后黑手黑暗面的暗网官网上，就出现有新闻中心、行动准则、合作伙伴等页面，显示出了很高的组织化水平；

第二，攻击目标高端化。针对个人目标的广撒网攻击不再是主流，针对政府、医院、大型跨国公司、水利电力能源基础设施等高价值目标的攻击成为主流。对于政企来说，数据的重要性更高，业务每停顿一天都意味着巨大的经济损失，而且相较于个人用户，他们支付赎金的能力更强，所以政企机构成为勒索软件的主要目标；

第三，攻击手法定向化、持续化。针对高价值目标的定向攻击越来越多，攻击技战术有针对性，勒索组织会不断收集选定目标的相关信息，持续渗透，找出薄弱的攻击点，最终实现致命一击；

第四，技术手段更加专业化。勒索软件已经不是普通的病毒程序，网络犯罪组织开始利用零日漏洞或者高危漏洞，而且传播途径更加多样化，甚至可以通过供应链传播；

第五，索要的赎金数额不断攀升，并且要求用加密货币支付，对受害者造成的损失越来越巨大。针对医院、大型企业的赎金通常都以千万起，比如黑暗面黑客组织平均每起勒索赎金190万美元。

第六，勒索软件攻击走向产业化。勒索即服务成为攻击新模式，攻击者只需要购买勒索服务就可以发起攻击，这些服务易于部署、不需要任何编程技能，门槛很低。

如何应对勒索攻击，保护数据安全？我国从法规制度到实践行动，都已经有了准备。2021年9月1日，《中华人民共和国数据安全法》等一系列法律法规开始实施，从合规角度为数据安全构筑一个良好稳定的环境。

在我看来，保护数据安全的新技术、新思想固然重要，但更重要的是把技术与思想整合在一起，形成系统化的防御体系，这也是 360 多年来一直秉持的产品理念和服务纲领。

2021 年 1 月，360 数字安全集团与国家计算机网络与信息安全管理中心（CNCERT）中标了天津市数据安全监督管理平台的项目。

平台实际搭建过程中，360 数字安全集团与 CNCERT 一道，以天津市数据安全运营为指导，针对天津市运行中产生的重要数据的全生命周期进行风险检测与把控，从全局的角度掌握城市数据安全的发展态势。具备这种能力之后，一旦城市的重要数据在流转过程中出现风险事件，运营人员便能够在第一时间发现并快速处理。如此就可以在很大程度上提升天津市应对、解决数据安全事件的能力，也可以将安全事件带来的影响与损失降到最低。此外，通过对城市数据全域的掌控，天津市可以通过汇聚有关基础数据，为其他相关部门的联合执法提供便利和依据。

🌐 4.5 漏洞是安全的命门

　　我在很多演讲之中都提到过网络漏洞的重要性和危害性，安全行业之外的人士对于漏洞的认知大都停留在技术层面，没有清晰全面的理解。其实，漏洞是网络安全的命门，想要做好安全防护，就必须对漏洞建立深刻的体系化认知。

　　在传统安全防护理念中，很多人认为只要不乱浏览网页，不乱下载软件就万事大吉。如果对手使用的是传统网络威胁，这种做法是有效的。但漏洞改变了病毒入侵的方式，其中一些入侵电脑、手机或其他系统的手段令人感到匪夷所思，Apache Log4j2 漏洞就是典型案例之一（图 4-4）。

图4-4　360安全大脑监测到有黑客疑似利用Apache Log4j2漏洞发起大规模攻击

Apache Log4j 是 Apache 软件基金基于 Java 语言开发的一个开源项目，本次被不法分子利用的 Log4j2 则是该项目的最新版本，在全球范围内得到了广泛的应用。换句话说，凡是依赖 Log4j2 组件的项目、系统、服务都有可能遭受攻击，因此导致该漏洞的影响面极其广泛。

通过该漏洞，攻击者可以远程操控目标的电脑、服务器，使它们执行任何一条指令，比如下载安装有害软件、删除关键数据或文件等。更为糟糕的是，经过 360 安全专家团队的仔细研判，这一漏洞的利用方式并不复杂，仅需输入一段简单的命令即可。正因为如此，Apache Log4j2 漏洞在短时间内便波及包括信息通信、教育、金融、政府、医疗、工业等在内的众多领域，一些全球知名的互联网公司、电商网站也出现在了受影响的名单之内。

除了企业，个人用户也受到了很大的影响。以游戏行业为例，有黑客利用该漏洞向大量的 Minecraft（游戏名称"我的世界"）玩家发起攻击。根据 360 安全团队的监测，最早的攻击发生于 2021 年 12 月 10 日，规模并不是很大，维持在 100 次左右。但是从 12 月 11 日起，黑客明显增加了攻击频次，平均每小时达到了 5000 次，最高峰时有超过 10000 名玩家遭到攻击。

为此，谷歌的开源团队扫描了 Maven 中央存储库，这是 Java 软件包中最重要的一个存储库。扫描结果显示，共有 35863 个软件包可能会受到 Apache Log4j2 漏洞的影响。再考虑到 Maven 中央存储库在全球使用的广泛程度，该漏洞很有可能对整个行业生态形成重大的冲击。有安全专家曾预估，大约 80%~90% 的 Java 开发会被影响。而 TellYouThePass、Khonsari 等勒索软件也是利用了该漏洞，对用户的电脑发动了攻击。

因为漏洞的存在面极其广泛，且触发条件简单，所以有不少数字安全从业者表示，Apache Log4j2 漏洞的破坏力堪比"永恒之蓝"，绝对称得上核弹级漏洞。在监测到黑客的攻击行为后，360 专家团队第一时间做出了反应，率先推出了相对应的拦截方案，保护用户的数据和财产安全。

传统的木马病毒、钓鱼软件通常会给用户发送一个邮件。为了吸引他人的注意，病毒的发送者通常会给邮件起一些具有诱惑力的标题，比如"单位今年年底加薪名单""升职名单"等，让人看了就忍不住想要点击下载。邮件本身可能是正常的 Excel、PDF 文件或者 Word 文档，但只要打开这个文件，恶意代码就在电脑上运行了。

然而与传统的需要用户自己下载、点击后才会发挥作用的病毒不同，WannaCry、Apache Log4j2 利用的是网络漏洞。只要你的电脑处于开机状态，攻击者便可以通过另一台机器给你的电脑网卡发一个通信包。可怕之处在于，电脑屏幕此时根本不会有任何变化，但是网卡在接收到通信包之后，其中含有的勒索病毒、恶意程序便会在你的电脑中运行。这就好比一栋戒备森严的大楼，从正面是很难突破的；但如果楼体的某一个小窗户没有上锁，那么就给了他人可乘之机。这也说明了漏洞的危害性。

在 2016 年之前，360 的安全团队经常去全世界参加各种黑客大赛，目的是为了证明中国的网络安全能力不输给其他国家，我们也赢得了其中很多比赛的冠军、亚军。但是后来我们就发现了这些比赛其实存在着猫腻：第一，比赛的主办方大都是某大国的军情机构；第二，比赛都是"命题作文"，比如能不能攻破一个浏览器、能不能攻破 iPhone 等，参赛者想要赢得比赛，团队内部就得掌握一些其他人不知道的安全漏洞，然而一旦在比赛中使用这些漏洞，那么比赛的主办方，即该国的军情机构就都知道了；第三，世人都知道某国的安全力量十分强大，但却很少见他们团队来参赛，原因也是他们对安全漏洞的重视与防护。

通过一场黑客比赛，拿出 10 万美元当作奖金，就有可能拿到一个顶级漏洞，这是一次一本万利的"交易"。可能会有人问：正常来说，一个顶级漏洞值多少钱呢？

2018 年前后，某国为了获得一个记者的行踪，从以色列黑客组织手中购买了一个 iPhone 手机的漏洞。通过这个漏洞，只需向目标手机发送一个短信，不论对方是否查看该信息，都可以将一段程序注入接受者的手机里，全面接管手机，盗取其中所有的数据与内容（图 4-5）。在购买该漏洞时，以色列人开价 2 亿美元，该国最终以 5500 万美元成交。

图4-5　黑客通过手机漏洞盗取数据与内容

再比如 Petya 勒索软件，它与曾一度引发互联网行业生存危机的"Wanna-Cry"类似，都是新型勒索软件，相较于传统勒索软件来说，它们的破坏力、危害性都大了很多。

一般的勒索软件只会加密目标用户电脑中的一些重要文件，然后以此为要挟向用户索取赎金，但 Petya 勒索软件做得更绝也更彻底，它会直接将目标电脑上的硬盘整体加密、锁死。

在黑客发起进攻时，首先会向用户发送一封经过伪装的电子邮件，并以这个邮件为起点，一步步地引导受害者下载一个 CV 文件，其实也就是勒索软件的本体。当受害者下载了病毒之后，它会马上破坏电脑的引导记录，加密硬盘文件分配表，改写硬盘主引导记录，用这种方式使电脑无法正常运行。

即便是与"WannaCry"相比，Petya 也是更加让人防不胜防，曾有网络安全调查人员评价说："Petya 与 WannaCry 都利用美国国家安全局外泄兵器库中的'永恒之蓝'。而 Petya 不仅利用了 Windows SMB 存在的漏洞进行内网传播，还利用 Office RTF 漏洞进行钓鱼攻击。"

截至 2017 年 6 月 27 日晚，Petya 已经在乌克兰、俄罗斯、印度、西班牙、法国、英国等多个国家肆虐。其中乌克兰的受灾情况最不容乐观，包括国家电力公司、国家银行、地铁、机场在内的多个重要部门和基础设施都受到了攻击。此外，俄罗斯石油公司（RosneftPJSC）、丹麦 A.P. 穆勒－马士基有限公司等多个大型企业也受到了不同程度的影响。

受攻击的电脑在启动后，主界面会显示一个支付界面，也就是黑客索要的赎金。刚开始的时候，攻击者还比较"含蓄"，只要 300 美元，后来则疯狂地涨到 100 比特币，按照比率换算，大致相当于 25 万美元。

这就是一个顶级漏洞的价值和影响！从攻防的角度来说，漏洞就相当于造核弹需要的铀 235。美国曾出台过一个名为《瓦森纳协定》的军控协议，其中就明确规定了，漏洞是军用资源，限制出口，足见有些漏洞的价值是难以用金钱来衡量的。

正是出于这样的考量，我后来写信给政府，建议我国要有自己的比赛，公安部主办的"天府杯"应运而生。当我们有了自己的比赛之后，同样邀请很多其他国家安全团队来参加，如此一来不仅保证了重要的安全漏洞不会流失，反而可以增加我国的漏洞资源储备。

之所以要从国家的层面去重视漏洞，不断地发掘、收集漏洞，很大一部分原因是因为漏洞极易失效。今天 360 发现了一个安全漏洞，明天可能会有另外一个团队发现同一个漏洞并公布出来，那么这个漏洞对于 360 来说价值和意义就不大了。各个国家准备的漏洞武器同样如此，比如上文中提到的"永恒之蓝"，在经过了媒体的报道之后，它也就失去作为武器的价值。这是与传统武器最大的不同。

美国曾对漏洞的战略价值做过评级，有些是国家级的漏洞，具有极高的战略意义，属于国之重器，轻易不会使用；也有许多是一次性的，用了对方就会察觉并会修复漏洞。当没有了漏洞或者漏洞失效，那么网络武器就是一堆无用武之地的废代码。

2021 年 7 月 12 日，工业和信息化部、国家互联网信息办公室、公安部联合印发《网络产品安全漏洞管理规定》，该《规定》突出了漏洞管理在维护国家网络安全，保护网络产品和重要网络系统的安全稳定运行方面的重要作用；规范了漏洞发现、报告、修补和发布等行为，明确网络产品提供者、网络运营者，以及从事漏洞发现、收集、发布等活动的组织或个人等各类主体的责任和义务；鼓励各类主体发挥各自技术和机制优势开展漏洞发现、收集、发布等相关工作。

政策倒逼大家必须将安全管理前置，重视漏洞管理和数字安全责任义务，在开发网络产品时就需要植入安全意识、安全理念、安全相关架构及技术等，将安全理念根植于网络产品的每一个基因。

4.6 人是最大的弱点

GoSecurity 曾在 2020 年做过一次全球企业安全调研，根据结果显示，在"网络安全措施有效性"的题目中，"员工安全意识培训"的有效性超过了80%，高居所有安全措施的第一位；相对应的，在"网络安全支出占比"中，"员工安全意识培训"的占比最少，只有不到10%。我为什么会认为"人是最大的弱点"？原因就在于此。

然而实际情况却是，绝大部分企业都觉得数字安全的对手是黑客，是网络犯罪组织，因而把几乎所有的目光都放到"对外"防护之上，却忽略了"内部"的安全。事实证明，如果企业员工安全意识薄弱，那么从内部爆发的安全事件，更容易对企业造成深远的影响，甚至可能是毁灭性打击。

相信大家都听说过一句话，叫"堡垒最容易从内部突破"。从社会工程学的角度来看，针对团队内部的攻击，比如钓鱼邮件攻击，或者因为内部人员不守规矩而导致的问题，往往都是让人防不胜防。比如发生在 2020 年的"比特币世纪骗局"，就是因为推特的一名员工被黑客贿赂，泄露了大量名人的账号信息，导致了一场"灾难"。

2020 年 7 月 5 日，在短短的几分钟之内，包括马斯克、坎耶·韦斯特（美国著名歌手）、比尔·盖茨、贝索斯等数十位全球闻名的名人发布了内容大致相同的推特。"这些人"表示想要"行善举"，不管是谁，只要向某个比特币链接地址内转账，他们都将会"双倍奉还"。

比如"马斯克"的推文说：在接下来的一个小时内，只要向我的比特币链接内支付比特币，我将会双倍奉还。

再比如"比尔·盖茨"，他的推文表示："每个人都要求我回馈社会，现在就是时候了。只要你向我的电子钱包转账，30分钟内我将以两倍的数额还给你，这个活动只限30分钟内参与！"其他的数十位名人的推文也都是大致相同的内容。

对于这些看起来就非正常的推文，推特也及时注意到相关情况，并做出了一定的应急措施。

7月31日，经过周密地调查，相关办案人员表示，事件中的"钓鱼"账户在一天内一共收到了超过400笔转账，按照当时比特币的价格行情，这些转账大约价值10万美元。

当然，相较于10万美元，推特公司的损失明显更为巨大。在事发当天，推特的股价就下跌了将近4个百分点。此外，因为受影响的账户大都是全球知名人物，所以推特的名声和用户信任程度也是大幅度下跌，把这件事情形容为推特史上最大的安全事件也不为过。

比尔·盖茨的发言人在接受媒体采访时表示："我们可以确认这条推特不是比尔·盖茨发出的……这看起来是推特面临的一个大范围安全问题的一部分。推特已经意识到了这一点，并正在努力恢复该账户。"

那么黑客到底是如何实施这一疯狂的行动的呢？据黑客自己称，他是贿赂了推特公司的一名员工，从而获得了这些账户的控制权。

不怕神一样的对手，就怕猪一样的队友。因为某一名不起眼员工对钱财的贪念，导致了一家网络巨头"史上最大"的安全事件。这也告诉了我们一个道理，再强大的技术和安全防御体系，人性的弱点也可能成为一个轻松被打破的突破口。

这正印证了员工安全意识的重要性。而且有统计数据显示，因为员工安全防范意识薄弱或者管理疏忽引发的安全事件，几乎占到了安全事件总数的三分之一。人成为企业安全防护中最大的漏洞！

从某种角度来说，管理疏忽、员工安全意识薄弱都可以归为无心之失，他们可能在问题爆发之前根本没有意识到危害的严重性。然而根据360多年的市场经验，我们发现也存在一些"人"的问题，是有意为之、主动为之，同样会造成恶劣的后果。

2020年2月25日，据《新闻晨报》的报道，微盟集团当日发布公告称，公司运维部门一名核心运维员工贺某在家通过VPN对公司的数据库进行了破坏性的删除，致使公司的软件运营服务业务在瞬间崩溃，所有基于微盟数据的小程序也同时失去了作用，300多万商户的交易行为也陷入了停滞状态，微盟也为此付出了惨痛的代价，在短短几天的时间里，公司市值就蒸发超过了30亿港元。

后经过检察机关的调查，贺某承认自己是因为偿还贷款压力巨大、生活不如意等原因，在酒后做出了删库的行为。

仅仅因为"生活不如意"，便利用职务之便任性地、报复性地破坏公司的数据库，归根到底还是公司安全管理存在不足。这样"不如意"的安全事件无疑给了我们巨大的警醒，安全防护是一个全面、内外需要兼顾的事业，尤其是对内部员工安全意识的培养。其实，安全领域里的专业人士已经开始重视"人"的因素，比如数字安全行业中关注度最高的年度盛会信息安全大会（RSA Conference），它 2020 年的大会主题就是"以人为本（Human Element）"。

除此之外，如果大家对钓鱼邮件攻击有所了解的话，黑客发动攻击的时候，就会重点针对那些防范意识薄弱的内部员工。

2021 年 11 月 26 日，根据 BleepingComputer 的报道，全球知名的家居零售品牌宜家遭受到一起持续的钓鱼邮件攻击，攻击对象就是宜家的员工，利用的是以不法手段获取的回复链电子邮件。

面对这些看起来非常"官方"的邮件，很多员工根本没有任何防范意识，就直接打开了，然后邮件中携带的恶意软件便会神不知鬼不觉地被安装到员工的电脑上，给后续的工作埋下了重大的隐患。

对此，宜家方面也迅速地做出了反应，他们提醒员工："目前正在发生针对宜家邮箱的网络攻击。其他宜家机构、供应商和商业合作伙伴也受到了同样的攻击，并进一步向宜家内部人员传播恶意邮件。"

同时，宜家还强调："这意味着，带有恶意文件的钓鱼邮件可能来自你的同事，也可能来自任何外部组织，并以正常进行的往来邮件回复形式发送到你的邮箱，因此很难察觉和判别，我们要求你格外小心。"

就像宜家警告他们员工时说的那样，对网络威胁的防御，应该具体到每一个人，如果团队中有任何一个点被突破，那么整体的信任链条就会断裂，因为你无法知道谁携带着潜在的危险。如此一来，防御也就很难形成了。

此外，我们分析了某国发起的一些网络攻击行动，具体执行时并不完全是线上攻击，有一部分会结合线下的情报活动，比如买通一个对方机房里的清洁人员，让他在机房的某一台服务器上偷偷地插上一个很小的 USB 设备，然后这台服务器就会变成一个无线局域网，在墙外就可以与它相连接盗取数据，这就是所谓的隔离网被打穿了。

有很多企业、部门的网络隔离其实都是假隔离，领导布置了隔离任务，网管也认为已经做了隔离，其实有很多员工不按安全规则，做出了违规操作，导致很多隔离网络被攻破。

因此，我们在建立数字安全体系，培养安全防护人才时，同样要注重对一般员工安全意识的培训。否则千里之堤毁于蚁穴，一个很小的点，一个不起眼的员工都能使得整个防御体系崩溃。

4.7 不分平时战时

提到网络战，绝大多数人第一时间想到的都是那些被媒体报道的大案件，比如棱镜门，再比如俄乌冲突期间两国的网络战。但在安全人士看来，这些安全事件只不过庞大网络战的冰山一角，那些发生在媒体镜头之外的，老百姓看不见的地方，才是网络战的主战场。

现实世界可以区分和平时期与战争时期，但是网络空间，从某种角度来说，时时刻刻都处在攻防对抗当中，也就是不区分平时、战时，只是普通公众看不见、不知道罢了。事实上，对于任何一家企业、机构，甚至对于任何一个国家来说，意识不到网络战正在发生或者看不见网络攻击，才是最大的挑战。

网络战不分平时战时，一方面，是因为它的隐蔽性和烈度可控性，使得很多国家之间的情报窃取、关键基础设施的攻击，可以在和平时期通过网络攻击来实现，而且还不一定被抓到把柄，不会酿成大的热战危机；另一方面，很多持续性的、大规模的网络战需要经过较长时间的渗透，发现漏洞，建立攻击节点等，这些都需要在和平时期就提前布局并不断地窃取情报，而一旦战争发生，也可以信手拈来，充分地利用。我们从俄乌冲突就可以看出，在冲突开始前的很多年，网络战就已经开打了。

我给大家举一个影响非常广泛的案例。

2021 年 10 月 12 日，黑客组织"AgainstTheWest"（ATW）在某个地下论坛公开叫卖大量的有关我国许多家企事业单位的敏感数据，以及一些他们破坏网站的证据。在他们公开的数据中，就包括了我国某银行的源代码数据，同时该组织还表示："我们已经为这项行动工作了至少两个月，它使我们能够接触到其内部资产。"

没过多久，"AgainstTheWest"售卖数据的地下论坛被封禁，他们便转战推特和 Telegram Messenger 等社交媒体平台，继续叫卖同样是来自我国重要的企业和单位的相关数据和信息。

后来经过严密的调查发现，该组织此前就发起过一次专门针对我国重要企业和机构，名为"Operation Renminbi"的网络攻击，而且攻击一直持续了好几个月的时间。

随着调查的深入我们发现，其实"AgainstTheWest"的攻击手法一点都不高明，攻击链条也并不复杂，仅仅是利用了开源软件和开源平台作为跳板，便进入了目标的数据系统当中。

2021 年末，他们又入侵了代码质量管理平台 SonarQube，然后在 2022 年初，入侵了 Gitblit、Gogs 等代码托管平台。利用这些平台自身的漏洞，比如可以不经过授权，直接访问平台存储的源代码或者开源软件的源代码，最终完成了窃取源代码的动作，并为后续进攻我国企事业单位做好铺垫。

网络战跟现实中的战争不同，小到黑客攻击私人电脑，窃取个人隐私，大到一家企业、一个国家的敏感信息被不法之人盯上、攻击，其实都可以视为网络战在"平时"的延展。

在看起来风平浪静的时期，很有可能网络黑客和犯罪组织已经有了预谋和准备，因此，我才会一直强调，网络战没有"开端"，没有平时战时之分，而是时时刻刻都在发生。

4.8 整体战

　　传统战争的作战理念是区分军事目标和民用目标、作战区和非作战区的。然而未来的网络战中，所有的目标都是一个整体，即整体战。比如为了打击敌方某军事目标中的指挥系统，可能会绕开对方防御力量强大的地方，从领导身边的秘书或家人日常使用的网络入手，以他们为跳板间接地连入领导的军用网络中，获得对方的作战信息或执行针对性的破坏。

　　因此，在未来的整体网络战中，攻击链、防守链都很长，而且不分军用、民用，不分国家、企业和个人，甚至工业互联网场景中的一个联网小部件都有可能成为防守漏洞，被他人利用发起进攻。

　　现在我们都知道，棱镜计划是由某大国国家安全局于 2007 年开始实施的一项绝密级网络监听监控计划，可以直接进入到相关公司的中心服务器中搜集信息和情报。

　　2013 年，该国中央情报局前职员爱德华·斯诺登利用职务便利，获得了棱镜计划中的部分绝密文件，并将它们交给了《卫报》和《华盛顿邮报》。

　　根据《卫报》公开的机密文件显示，仅在 2013 年 4 月 25 日—5 月 19 日的这一段时间里，该大国内的通信巨头威瑞森公司（Verizon）每天都会将数百万用户的用户记录报告给该国的国家安全局，数据包括通话次数、通话时长、通话时间等内容。

6 月 6 日，根据《华盛顿邮报》曝光的相关文件显示，微软、谷歌、苹果、脸书、雅虎等 9 家在全球范围内享有盛名的互联网巨型公司都参与到了棱镜计划当中，这些公司的中心服务器每天会实时监视企业用户的邮件、聊天记录、视频、音频、文件、照片等内容和数据。几乎可以说，这些人的一举一动都在棱镜计划的"掌控当中"。

6 月 7 日，该国领导人公开承认棱镜计划的存在，但同时他也强调，这一计划一直处在对外情报监视法庭的监管之下，并不针对本国人民，而是为了应对可能存在的恐怖袭击，其本质目的是为了保护本国人民的安全。

与这一番解释相对应的，则是 6 月 9 日英国《卫报》的一篇对斯诺登的专访。在专访中斯诺登说，他无法忍受该国政府对全球民众人权、隐私权的粗暴侵犯，这就是他要曝光计划的根本原因。从 9 日该专访播出到 10 日下午 2 点，有超过 2 万人自发地在白宫请愿网页上签名，要求赦免斯诺登。

9 月 28 日，斯诺登再度抛出重磅"炸弹"。根据这一批文件的内容显示，该国国家安全局从 2010 年就开始利用收集到的资料去解析本国民众的社交联结，"辨识他们来往对象、某个特定时间的所在地点、与谁出游等私人信息"。同样是这批文件显示，"2010 年 11 月起，开始准许以海外情报意图来分析电话以及电邮记录，监视美国公民交友网络"。因此，该国领导人所谓的"不针对本国人民"完全是无稽之谈。

对此，该国的民权联盟公开发表声明称，国家安全局的行为侵犯了"人民生活的每个层面"。

后来，著名的民调机构盖洛普公司也针对这一事件做了一次民意调查，根据调查结果显示，有超过一半的受访者不能接受国家打着反恐的名义去监听民众的隐私，更有 30% 的受访者认为，不管是出于什么样的目的，都不能实施此类的监控项目。

除了该国内部的民意和各种反应，我们还需要特别注意到的是，棱镜计划的主要监视目标是其他国家的政府和机构，包括中国，甚至包括欧盟的一些与该国为盟友关系的成员国。根据斯诺登提供给德国《明镜》周刊的文件显示，该计划有一系列高强度的网络攻击专门是针对中国的，具体目标有政府和社会机构，比如商务部、外交部、银行和电信公司等。

在事件曝光之前，看起来一切都风平浪静，但实际却是暗潮汹涌。我们不知道在棱镜计划实施的几年时间里，对方到底窃取了多少我国重要数据和信息，其中未知的隐患和威胁其实比已有的损失更加让人提心吊胆。

针对这一状况，2020 年 4 月 27 日，国家互联网信息办公室联合其他 11 个部门发布了《网络安全审查办法》，要求国家关键信息基础设施的运营者，如果购买的网络服务和产品有可能会对国家安全产生影响时，必须接受相关的网络安全审查。2021 年 7 月 10 日，国家互联网信息办公室发布了《网络安全审查办法（修订草案征求意见稿）》，其中第六条明确指出："掌握超过 100 万用户个人信息的运营者赴国外上市，必须向网络安全审查办公室申报网络安全审查。"

能够掌握超过 100 万用户个人信息的上市企业，一般都是大型成熟公司，这样的企业通常都具备较强的安全防御能力。攻击者一般不会直接"以卵击石"，他们会绕过强大的防御，寻找防御体系中薄弱的那一点，比如中小微企业。

中小微企业由于缺乏网络安全防御措施、网络安全设备和专业人才，一旦被黑客组织直接攻击或所使用的软件供应商被攻击，就有可能导致业务停摆的风险。比如在 2022 年年初，温州的一家超市就遭遇了勒索软件攻击，黑客向其索要 0.042 枚比特币（总价值约 12000 元）作为赎金，但是在超市支付赎金后黑客并未恢复数据，严重影响公司正常运转。

造成中小微企业数字安全能力不足的原因主要有三个。

一是这部分企业对网络安全的重视不够，很多人认为中小微企业不是网络攻击的主要对象，从而忽视中小微企业的安全能力建设；

二是安全防御的投入不足，中小微企业更愿意把资金、人力投在数字化上，却在数字安全方面投入甚少，甚至零投入；

三是供给不足，市场上的安全产品和服务多数是针对大型客户，专业性强、门槛高，中小微企业面临不会用、没人用的问题。

未来的整体战会更加防不胜防。因为数字化、万物互联等原因，未来必将是一个分工协作的世界，任何一个政府部门、企业都无法"独善其身"，所以应对网络整体战必须要互联互通，形成一个统一的防护体系。

 **4.9 超限战**

曾经有本名为《超限战》的书，是由战略问题研究中心主任王湘穗和国防大学教授乔良联合编著的。书中介绍，在未来的战争中，可能是无所不用其极的，会出现许多令人感到匪夷所思的科技和手段，网络战中手法基本都可以视为超常规的超限战，比如线上渗透入侵与线下间谍活动相结合的组合拳，开源软件攻击、预置后门、供应链攻击等多种手段结合。在现实世界中，这样的案例有很多，下面分享一个非常独特的在硬盘中植入病毒的案例。

2021 年 11 月左右，卡巴斯基发布了一份研究报告称，某大国国家安全局为了掌握渗透他国网络的能力，事先派人以员工的方式混进了包括三星、西数、希捷、迈拓、东芝等在内多个知名硬盘制造公司，在新出厂的硬盘固件中预置病毒。让人防不胜防的是，这些病毒是以一种极其隐秘的方式植入的硬盘，很难被检测到，也很难被消灭，即便是格式化硬盘或者分区，也不会对病毒有任何根本的影响。

此外，报告还特别指出，这种病毒与之前搅黄伊朗核计划的"震网"病毒非常类似，都具有超级强大的破坏力。更为恐怖的是，即便没有网络连接，这种病毒也能发挥巨大的作用。一旦其他国家购买了这些有问题的硬盘，病毒也就神不知鬼不觉地"混"进了国家的网络系统当中，随着硬盘被激活使用，硬盘中携带的病毒就开始发挥作用了。

再比如，包括中国、俄罗斯在内的很多国家都会使用隔离网做网闸，通过刻录光盘的方式传递数据。即便已经如此谨慎，某国还是找到了破绽，因为他们在光盘软件领域有绝对的优势，全球能做光盘刻录软件的公司只有两家，都是该国公司。因此，某国的情报机构就在这两家公司的软件里预设了后门。在这之后，只要使用这两款软件刻光盘，都会感染其中携带的病毒。

在硬盘或光盘中植入病毒，虽然隐蔽性很强，但是难度系数也更高。而现在互联网行业使用最多的还是开源软件。开源软件开发人员来自不同国家、不同背景，源代码的查看、修改、增加权限较为开放，因此开发过程非常容易被网络攻击者恶意利用，被植入"后门"，而且防范管控十分困难。

同时，很多人都是直接使用开源代码或者只作小修小补，因此很容易带入未知的安全风险。业界推测，一些西方发达国家，利用掌控的国际开源项目核心资源，长期进行情报渗透活动，甚至将之用于网络战，而这也是整体战的一种表现。前文介绍的 ATW 组织窃取并售卖我国多家企事业单位数据和信息的案例就是利用开源软件进行的攻击。

这些都是已经发生、已经被识破的案例和作战手段，那么没有被发现、被识破的又会有多少呢？没有人能给出确切答案，至于未来更进一步的"超限战"可能会更加让人难以预料，防不胜防。所以，在防守端，我们不仅需要全面自清自查，让敌方无所遁形，更要建立全面的、系统化的数字安全防御体系，才能尽可能减少风险。

🌐 4.10 秘密战

　　网络环境中的攻击与威胁具有很强的隐蔽性，一个安全风险、技术漏洞可能在我方关键系统中隐藏几年，不事发便发现不了。为什么各个网络技术领先的国家都热衷于网络对抗，正是因为它的隐秘性，可以"来无影去无踪"，悄无声息地潜入对方具有关键意义和价值的部门、机构、企业，并且能够长时间源源不断地获取对方关键的信息与数据。在以前，某国对我国也是保有这种"单向透明"的优势，导致"谁进来了不知道，是敌是友不知道，干了什么不知道"，让我们在应对时非常被动，但后来 360 打破了这种不平衡的状态，我们抓住了许多潜入和攻击行为，掌握了对方行动十分翔实的轨迹和证据。

　　具备"看得见"对方攻击、掌握对方行动轨迹的能力是所有网络战的前提，只有发现了攻击，才能清除或防范，同时掌握对方攻击的轨迹证据，也是开展网络战国际舆论斗争的前提。比如我在前文列举的委内瑞拉的电力系统遭受网络攻击的案例，即便该国总统非常明确地指责某国，但如果没有真正的证据，这种指责也是没有力度和实际效力的。

　　2021 年 7 月 9 日，据韩国媒体 KBS World 的报道，该国原子能研究所（KAERI）遭受到了其他国家黑客组织的网络攻击，而且这轮攻击一共持续了 12 天之久。

前一天，也就是 7 月 8 日，在国会情报会员会会议上，韩国国会情报委员会（NIS）的两名专业人员报告说，本次攻击起始于 5 月 14 日，他们发现了 13 个未经批准的外部 IP 攻击了韩国原子能研究院的内网。

后来，经过专门从事研究网络攻击的组织"IssueMakersLab"的调研，13 个外部 IP 中的部分 IP 与某国军队侦察总局支持的黑客组织"Kimsuky"存在着千丝万缕的关系。

除此之外韩方掌握的另一个有力证据是，有一些 IP 地址盗取并使用了前韩国总统统一外交安全事务特别助理文正仁的相关信息。而在 2018 年，文正仁的电子邮件遭受了网络攻击，攻击者同样是来自本次事件的发起国。

最终，韩方表示如果该国原子能研究所掌握的敏感数据被泄露，将会对地区安全造成极为严重的影响和危害。

因此，在未来网络空间的秘密战中，我们不仅要培养防守能力，还一定要具备检测内部潜藏敌方力量，掌握其完整行动轨迹的能力，这是我国清除高级持续性威胁、加强防御、对敌开展舆论斗争的前提和基础。

4.11 没有攻不破的网络

360 曾邀请美国第一任网络司令部司令基斯·亚历山大来中国进行交流，在沟通的过程中，他说了一句让我深以为然、印象深刻的话，他说："世界上只有两种网络，一种是你被攻击了你知道被攻击，一种是你被攻击了还不知道被攻击。"这与安全行业内一个较为悲观的共识不谋而合：没有攻不破的网络，只有不努力的黑客。

随着数字化的持续建设，万物互联场景的不断深化，我们所使用的软件、系统也越来越多，越来越复杂，正如我在前文中提到的数据，每千行代码中就会有 4~6 个不影响软件正常使用的漏洞。当软件越多越复杂，也就意味着系统中存在的漏洞越多，其中会有很多是我们不知道不在意的，这正是网络黑客等不法组织所期待的（图 4-6）。

接下来，我分享一个那些在普通人看来简直是铜墙铁壁，也是全球网络防御最强的地方——美国五角大楼 9 秒被锁定，1 小时就被攻破的例子吧。

2020 年 12 月，美国媒体《Just the News》报道称，他们接到国防部的三名消息人士的证实，五角大楼曾在 12 月 15 日停用了一个内部的关键通信网络，原因是五角大楼疑似遭受到了黑客入侵，并且可能已经造成了数据泄露。

后来，根据发现本次网络攻击的网络安全机构火眼公司称，入侵者已经

图4-6　窃取数据频频发生

获得了足够高等级的权限，可以进一步深入目标系统。

在普通老百姓眼里，美国五角大楼应该汇集全球最顶尖的网络专家和最先进的计算机技术，他们的防御系统应该是牢不可破的。但就像我说的，天底下没有攻不破的网络系统，即便是五角大楼，也不是"无敌"。

2018年10月，美军举办了网络攻防演练，他们从一些信息情报部门中找了一些网络攻击高手来参加，攻击的目标就是五角大楼。在开始之前，所有人都对五角大楼的网络防御信心满满，因为仅仅一个初级钥匙卡的二级楔入密码就有惊人的256位，凭借当时常规的手段和技术去破解的话，可能需要200多年。

但是让美国高层大跌眼镜的是，这些参演的"黑客"只用了短短的9秒，就锁定了密码的可能范围，后续也只用了1个小时左右，便"黑"进了五角大楼的外网。

尤其需要指出的是，未来的社会将会是一个更加融合协作的社会，我们的系统中可能会使用不同国家供应商提供的产品或服务。如果这些产品或服务被他人预置漏洞、病毒，成为后门，再加上本身就天然会存在的漏洞，那么系统的安全就变得岌岌可危。

正因为意识到了这个威胁，所以国家加大力度推动信息技术应用创新，要研制出国产的芯片和操作系统，这些决策无疑是十分英明的，能够有效解决供应链攻击的问题。但是，仅仅防御供应链的攻击是远远不够的，从系统层到网络层，到应用层，再到用户的使用，各个层面都会存在漏洞，使得数字安全的防御变得非常困难。

针对网络战，传统的防御思路会更加倾向于搭建一个固若金汤万无一失的网络安全防护体系，真正实现御敌于国门之外。其实这种想法是与新时代新场景的网络战相背离的，就好像投入大量人力、物力和资源构筑的马奇诺防线。马奇诺防线并不能阻挡德国人进攻的脚步，后者通过伞兵战大幅度迂回突击，绕过马奇诺防线，致使庞大坚固的防御工事最终也没有发挥它被赋予的重大战略作用。而万无一失的网络防御体系就是新时代的马奇诺防线，这种努力是白白浪费资源和精力。

因此，在做网络攻防的假设时，必须以"敌人一定能攻得进来""敌人已经潜伏在我方关键设施之中"为前提，保持警惕性，关键是对方攻进来之后，我方如何能够做到快速地发现，快速地解决，做到及时止损。

 4.12 敌已在我

进入数字化时代，我们一定要建立的一个观点或认知，那就是敌人已经潜伏在了我们内部。众所周知，高级持续性威胁是危害十分重大的一种网络攻击方式，将其视为网络战的主要手段也不为过。但纵观 2020 年及之前的绝大部分高级持续性威胁攻击，我们可以发现一个十分明显的特征，就是很多网络攻击其实不是临时起意，而是有很长时间的前期预谋，并在目标系统中潜伏很久，我们却可能不知道对方的存在，所以，我们应该假定己方网络已经被渗透、被攻击，即"敌已在我"。

我给大家分享一组数据，2021 年 2 月 5 日，360 集团发布了《2020 全球高级持续性威胁 APT 研究报告》，根据统计数据显示，2020 年全球范围内共发生高级持续性威胁攻击事件 687 起，平均每天就 1.9 起，涉及被披露的黑客组织 132 个。

其中我国已经成为全球高级持续性威胁攻击的首要地区性目标。2020 年全年，我国共遭受了 13 个高级持续性威胁组织发动的网络攻击，涉及政府、教育、医疗和国防军工等极为重要且敏感的领域和机构。比如在 2020 年 2 月，印度的某高级持续性威胁组织用新冠疫情相关题材的文档作为诱饵，对我国抗击疫情的医疗工作领域发起了高级持续性威胁攻击，最终被 360 捕获。

在报告中，我们基于相关攻击频次、被攻击单位数量、受影响设备数量、

技战术迭代频次等多个指标，对2020年针对中国地区发起攻击的高级持续性威胁组织，相关攻击活跃度进行了综合评估，得出了下面的排名结果（表4-1）。

表4-1　针对中国发起攻击的高级持续性威胁组织排名

排名	组织名称	涉及行业
TOP1	海莲花（APT-C-00）	政府、IT、教育等
TOP2	Darkhotel（APT-C-06）	政府、能源等
TOP3	蔓灵花（APT-C-08）	教育、国防军工、科研等
TOP4	毒云藤（APT-C-01）	政府、科研等
TOP5	响尾蛇（APT-C-24）	国防军工、政府、贸易等
TOP6	潜行者（APT-C-30）	通信、政府等
TOP7	魔鼠（APT-C-42）	IT、科研、通信等
TOP8	Lazarus（APT-C-26）	数字货币、政府等
TOP9	蓝色魔眼（APT-C-41）	军工、政府等
TOP10	CNC（APT-C-48）	国防军工、政府等

网络战与传统战争最大区别是，传统战争往往带有很强的政治色彩，一般是两国之间政治关系极度恶化，无法调和之后才会采取的行为。但是网络战很有可能发生在风平浪静的时候，通过预置后门、利用漏洞等网络攻击的手法，进行攻击软件的渗透，当攻击者进入到对方核心领域的关键环节之后，会想方设法把相应的软件和部署都隐藏起来，等到最关键的时刻，通过网络指令，一击致命。

我国作为高级持续性威胁攻击的主要受害国，一定要有这种警惕意识。给大家分享一个真实案例，让大家见识真正的"敌已在我"——某大国中央情报局的攻击组织（APT-C-39），曾经对我国的关键领域进行了长达11年的网络渗透攻击，直到2020年3月被360抓住"狐狸的尾巴"。

具体故事还需要从 2017 年开始讲起。在这一年，维基解密收到了某大国中央情报局前雇员约书亚·亚当·舒尔特（Joshua Adam Schulte）的"拷贝情报"，接着向全世界披露了 8716 份来自该国中央情报局网络情报中心的文件，其中包含涉密文件 156 份，涵盖了该国中央情报局黑客部队的攻击手法、目标、工具的技术规范和要求。而这次的公布中，就包含了核心武器文件——"穹窿 7（Vault7）"。

360 按图索骥，通过安全大脑对"穹窿 7"网络武器资料的研究，对其深入分析和溯源，在全球范围内首次发现了与"穹窿 7"存在关联的，一系列针对我国航空航天、科研机构、石油行业、大型互联网公司以及政府机构等长达 11 年的定向攻击活动。

通过 360 进一步发掘，发现相关的攻击活动最早可以追溯到 2008 年（从 2008 年 9 月一直持续到 2019 年 6 月左右），攻击目标主要集中在北京、广东、浙江等经济较为发达的省份。而上述这些定向攻击活动都归结于一个很少被外界曝光的高级持续性威胁组织——APT-C-39（360 安全大脑将其单独编号）。

为了让大家更加清晰地了解 APT-C-39 攻击的危害和可能造成的隐患，我们以航空航天机构为例加以说明。

根据 360 安全大脑所掌握的情报数据，该国中央情报局主要是围绕机构系统开发人员展开的攻击，而这些人群主要从事的是航空信息技术有关服务，如航班控制系统服务、货运信息服务、结算分销服务、乘客信息服务等活动。

至此，我们不得不做一个悲观的假设，也就是该国中央情报局在过去长达 11 年的渗透攻击里，或许已经掌握了我国航空机构的机密信息，甚至不排除他们已经开展了实时追踪定位航班动态、飞机飞行轨迹、乘客信息、贸易货运等行动，并收集到了相关情报。

其实不只是我国的航空航天机构，APT-C-39 已经将攻击布局到了全球范围。2020 年 2 月初，《华盛顿邮报》等媒体的联合调查报道指出，该国中央情报局从 20 世纪 50 年代开始就布局，收购并完全控制了瑞士加密设备厂商 Crypto AG，在长达 70 年左右的历史中，该公司售往全球 100 多个国家的加密设备都被该国中央情报局植入了后门程序，这期间该国中央情报局都可以解密这些国家的相关加密通信和情报。

如果从个体的视角去观察网络环境，的确是风平浪静；如果从国家宏观的角度去看，则是一片刀光剑影。因此，我们应清醒地意识到，网络战早就已经打响，而且会一直持续下去，国家的许多关键基础设施、科研军工单位、教育领域、医疗领域等已经成为其他国家攻击的目标。

可能很多人都知道，2020 年 5 月 22 日，360 被某国列入"实体清单"。这背后的主要原因是 360 发现了上述网络攻击，破坏了其在网络安全领域的单向透明优势。

在 360 揭露的某国对我国的渗透中发现，大多数已经潜伏了很长时间，比如该国网络安全和基础设施安全局在我国某重要机房里驻留了 6 年。换句话说，在这么久的时间里，我们根本不知道对方的存在，更不知道有多少机密信息被该国窃取，又在相关的系统中留下了哪些安全隐患。

后续我们又进行了横向检测，发现他们不只是在空管系统和移动运营商这两个部门中实施了入侵，在一些核研究、政府部门、航空航天等领域同样实现了渗透。这一发现让人愤怒，也让人不寒而栗。但从安全领域的专业角度来说，这几乎是一个难以避免的、较为悲观的现实，即"敌已在我"。

所以在网络空间的对抗中，我们必须放弃"御敌于国门之外"的想法，首先假定己方网络已经被渗透、被攻击，以"敌已在我"为前提考虑如何存活、如何反制。在培养数字安全思想，搭建安全防御体系时，不仅要重视预防，更要思考如何发现敌方潜藏的攻击与渗透，以及如何修复被对方利用的漏洞，作好及时止损。

在网络对抗的时代，我们不能做把头埋进沙子里的鸵鸟，而是应该正视问题，发现问题，解决问题，总结经验，进而全面提升自己。

4.13　网络战成为战争首选

随着军工技术的不断发展进步，武器的杀伤力和威胁会越来越强大，传统战争所消耗的成本以及对整个人类造成的危害同样会越来越高，这也会受到越来越多国家的抵制。而网络空间的战争所耗成本极低，远远不及大规模生产传统武器所消耗的资源、资金、人力、物力，便会受到越来越多国家的重视与投入。

再加上网络战的种类形式复杂繁多，比如漏洞攻击、后门程序、高级持续性威胁等，同时能够与传统作战力量和作战方式融合，实现全域作战，也能大幅提升传统战争的战场态势感知和作战能力。

就作战效果而言，网络战相较于传统战争具备了两大显著优势：

第一，攻击可以穿越时空。即便传统飞弹的推动力再强劲，从一个地方飞到另一个地方也是需要很长时间的；而网络信息、网络攻击的传输能够跨越空间的限制，可以在瞬间对关键目标产生毁灭性的打击或致瘫，抢占对抗的先机。

第二，烈度可控。因为网络攻击针对的多是关键基础设施、政府机构、企业的软件和系统，即便波及现实世界，也不会像传统武器一样直接对人产生杀伤力；而且因为"秘密战""敌已在我"等特性，攻击之后还是有可能做到全身而退，不会产生后续的激烈对抗。

因此，在网络空间的对抗、角力，可能是未来很长一段时间内，军事作战的一种重要表现形式，成为战争的首选。比如，美国国防部 2021 年就作了 104 亿美元网络安全预算，包括网络安全 55 亿美元、网络空间行动 43 亿美元，以及研究和开发资金 5.109 亿美元，还有美国网络司令部的一般预算 6.05 亿美元，说明了美国对网络战的重视。

第五章

"看不见"成传统网络安全最大痛点

习近平总书记在 2016 年 4 月 19 日网络安全和信息化工作座谈会上表示

● 没有意识到风险是最大的风险。网络安全具有很强的隐蔽性，一个技术漏洞、安全风险可能隐藏几年都发现不了，结果是"谁进来了不知道、是敌是友不知道、干了什么不知道"，长期"潜伏"在里面，一旦有事就发作了。

● 维护网络安全，首先要知道风险在哪里，是什么样的风险，什么时候的风险，正所谓"聪者听于无声，明者见于无形"。感知网络安全态势是最基本最基础的工作。

这说明"看见"是处置的前提，看见和处置是一体两面，既要看见，看见之后还能快速处置。只有首先看见战场、看见风险、看见对手、看见安全威胁全貌，才能做出有效响应和处置，"看不见"一切都无从谈起（图 5-1）。

> ### 数字安全最大的挑战是"看不见"
>
> **西方国家长期维持着对我国数字空间的单向透明优势**
>
> 全天候全方位感知网络安全态势。知己知彼，才能百战不殆。没有意识到风险是最大的风险。网络安全具有很强的隐蔽性，一个技术漏洞、安全风险可能隐藏几年都发现不了，结果是"谁进来了不知道、是敌是友不知道、干了什么不知道"，长期"潜伏"在里面，一旦有事就发作了。
>
> **习近平**
> —— 在全国网络安全和信息化工作座谈会上的讲话
> 2016年4月19日

图5-1　数字安全挑战的最大问题是"看不见"

5.1 面对强大对手，传统网络安全 "看不见"成最大痛点

习近平总书记在 2016 年 4 月 19 日网络安全和信息化工作座谈会上表示，"没有意识到风险是最大的风险。网络安全具有很强的隐蔽性，一个技术漏洞、安全风险可能隐藏几年都发现不了，结果是'谁进来了不知道、是敌是友不知道、干了什么不知道'，长期'潜伏'在里面，一旦有事就发作了。"

习近平总书记的讲话直指问题的核心，那就是面向强大的对手，我们很可能"看不见"风险，"看不见"对手，更谈不上应对了。

大家可能不知道，在以往的中美互联网论坛中，对方利用 BDP 协议、域名解析等技术优势，总是能拿出很翔实的资料，我们却很难做到这一点。这种鲜明对比展现的不只是技术差距的问题，更是安全问题。正是因为明白"看得见"与"看不见"之间的差距，360 才会如此重视大数据的价值，近 20 年来一直在做相关的搜集和分析（图 5-2）。

不仅中国，全球这方面的例子很多，下面举两个例子来说明。

一个发生在 2020 年 1 月 17 日，土耳其黑客组织 Anka Neferler Tim 以"希腊威胁了土耳其"为由，劫持了希腊财政部、国家情报局（EYP）、外交部、雅典证券交易所等的官方网页和网站，整个劫持行为持续了超过 90 分钟。

事发后，该黑客团在脸书页面上辩护称，是由于希腊一直在爱琴海和地

海莲花（APT-C-00）	索伦之眼（APT-C-16）	白金（APT-C-30）	NSA（APT-C-40）	Domestic Kitten（APT-C-50）
毒云藤（APT-C-01）	飞鲨（APT-C-17）	毒针（APT-C-31）	蓝色魔眼（APT-C-41）	Gamaredon（APT-C-53）
Darkhotel（APT-C-06）	APT28（APT-C-20）	SandCat（APT-C-32）	WellMess（APT-C-42）	UNC2452（APT-C-54）
美人鱼（APT-C-07）	双尾蝎（APT-C-23）	ArmaRat（APT-C-33）	Machete（APT-C-43）	Kimsuki（APT-C-55）
蔓灵花（APT-C-08）	响尾蛇（APT-C-24）	黄金瞳（APT-C-34）	北非狐（APT-C-44）	透明部落（APT-C-56）
摩诃草（APT-C-09）	APT29（APT-C-25）	肚脑虫（APT-C-35）	幼虫（APT-C-45）	Gorgon（APT-C-58）
Carbanak（APT-C-11）	Lazarus（APT-C-26）	盲眼（APT-C-36）	卢甘斯克（APT-C-46）	芜穹洞（APT-C-59）
蓝宝菇（APT-C-12）	黄金鼠（APT-C-27）	拍拍熊（APT-C-37）	旺刺（APT-C-47）	伪猎者（APT-C-60）
沙虫（APT-C-13）	ScarCruft（APT-C-28）	军刀狮（APT-C-38）	CNC（APT-C-48）	腾云蛇（APT-C-61）
人面狮（APT-C-15）	Turla（APT-C-29）	CIA（APT-C-39）	OilRig（APT-C-49）	三色堇（APT-C-62）

图5-2　360发现并命名国家级APT组织50个

中海东部威胁土耳其，而现在又在威胁利比亚的和平会议，故而为之。与此同时，该团体还高调扬言："我们关闭了希腊国家情报局的网站，只要我们愿意，我们就可以访问。"

另一个发生在2021年5月，泄密披露平台DDoSecrets报道称，北约机密云平台的重要供应商之一，西班牙企业Everis以及他们在南美洲的子公司遭到了黑客入侵。

据了解，这个机密平台的全称为"北约面向服务架构与身份访问管理（SOA & IdM）项目"，在北约IT现代化战略，也就是"北极星"计划之中占据着举足轻重的地位，是四个核心项目之一。知情人士称它"具有负责实现安全保障、集成化、注册与存储库、服务管理、信息发现与托管等功能。"

而在本次安全事件中，Everis公司大量的机密数据被盗取，包括与公司云平台有重要关联的源代码、文档等。更值得关注的是，黑客在得手后发布了一份声明称，他们不只是拿到了数据的副本，还删除了Everis公司所有的原始数据，并宣称有能力修改代码或者在该项目中植入后门程序。

在声明中，黑客团伙还特别说明了，他们是"出于政治动机的攻击者"，他们发动本次网络攻击的目的就是破坏北约的"北极星"计划，而且不排除将数据发给俄罗斯情报部门的可能性。

面对这些来无影去无踪的对手，传统安全根本没有招架之力，他们甚至连"看见"这些专业的对手都做不到。原因在于，过去20年网安行业基本都是软硬件工程师在主导，他们对网络安全的对抗本质并不理解，做出来的产品总是隔靴搔痒，无法真正解决用户面对的实战威胁。

总体来说，传统安全之所以"看不见"，主要是四项能力的缺失。

一是缺乏"看见"的基础，即安全大数据。传统安全不具备安全大数据采集、治理和运营的能力，也没有大数据分析和人工智能分析的能力，一言以蔽之，传统安全根本就不拥有安全大数据。

为了便于理解大数据在安全防御中的重要性，大家可以参照一个现实的场景。我国在打击犯罪的时候，有一个很重要的手段就是街道上的摄像头。任何在公共场合实施的违法犯罪行为，都有可能会被摄像头记录下来，侦查人员通过搜集、分析这些数据，按图索骥就可以抓到嫌疑人。安全体系识别、定位网络威胁的逻辑也是如此。

由此，我们可以得出一个结论："大数据是看见网络威胁的基础"，而"看见"也是数字安全的基础。如果我们不能解决"看见"网络攻击的问题，堆砌再多的"网络军火"，堆砌再多的网络产品也没有用，这就像打仗没有雷达，类似于"睁眼瞎"，即使有再多的导弹也看不到别人的隐身飞机在哪里，又谈何反制？

有一些传统安全公司大部分时间都在研究独立领域的技术，比如防火墙、加密等，很少关心安全大数据的储备，这就导致一部分传统安全体系在面对新威胁时，"看不见"，识别不了，自然也就无法溯源，掌握不了相关证据。

二是缺乏支撑"看见"的商业模式。大家可能都知道，传统安全行业的商业模式是以卖货为中心，跟街边的小商铺没有太多本质上的区别，都是把产品卖给客户作为终点，不会提供后续的安全运营方法和经验，根本无法帮助客户建立起安全运营体系。在这种传统卖货模式下，安全公司也就不会把主要精力放在长期的安全运营上了。但是，随着网络安全升级为数字安全，更多的安全威胁都是在日常生活中不断出现、不断升级，传统的一锤子买卖已经难以帮助客户抵御攻击了。

三是产品上不从实战对抗去考虑，缺乏"看见"价值的用武之地。传统的网络防御措施，通常是在信息化系统建设好之后，硬件安装完成，再购买一些杀毒软件，搭建一个防火墙，配合加密认证，网络安全的防护工作就算完成了。并且在很多人的意识中，有了这些防御措施就可以一劳永逸了。

这种传统安全思想主要侧重点还是在卖货之上，而不是实战攻防对抗的思路。这导致传统安全厂商更注重堆叠、罗列产品的功能参数，却忽视了真正解决问题的安全对抗能力。大家之所以会迷信安全防御产品，最主要的原因还是在于传统网络威胁变化慢，多是单点式的攻击，免费软件就足以应付。正是因为如此，人们产生了"银弹"幻想，夸大、迷信产品的安全作用，忽视了更为关键的长期运营。但是到了数字时代，技术快速的更新迭代，使得相应的产品也会在短时间内被淘汰，由产品堆砌起来的防御体系自然也会受到很大的影响。

如果不从实战对抗的角度去设计产品，那能否"看见"风险就显得没那么重要了，只有等到遭受了攻击，造成了实际损失后才会后悔莫及。这也就暴露了传统安全体系最大的痛点：没有"看见"敌人的能力，就不能组织有效的防护和应对。

　　四是各自为战"孤岛式"的防御，无法"看见"全网态势。卖货思想导致的另外一大问题就是，许多政企单位在搭建安全防御体系时，建立起来的大都是"孤岛式"的防御，安全风险却是共同承担的。在传统安全思维中，防护过分依赖物理隔离，各个部门固守边界，这也导致了他们在面对网络攻击时，缺乏统一管理，各自为战。换句话说，就是缺乏战略层面的统筹规划，无法"看见"全网态势。

　　进入数字化时代，以高级持续性威胁为代表的高级网络攻击具有非常强的漏洞挖掘能力，事实也证明，无论多么完美的设计，都会有漏洞，有漏洞就可能被攻击，对手只要利用软件的上一个漏洞，就会对整个网络体系产生威胁。

　　2021年7月，根据外媒报道，美国共和党全国委员会（RNC）的一家IT服务承包商Synnex遭到了网络攻击，组织内的敏感信息可能已经泄露。虽然共和党全国委员会的一位发言人在接受媒体采访时，否认受到了黑客攻击，但有其他媒体爆料Synnex已经承认此事。

　　后来，美国共和党全国委员会也发表了一份声明称："我们被告知第三方供应商Synnex遭到了网络攻击。为此我们立即屏蔽了Synnex账号对我们云环境的所有访问。我们的团队跟微软合作以对我们的系统进行审查，经过彻底的调查没有RNC数据被访问。我们将继续跟微软及联邦执法官员就此事进行合作。"

　　后经过调查，本次网络攻击的始作俑者应该是一个名为Cozy Bear［又称Nobelium（APT29）］的高级持续性威胁组织。有意思的是，这个组织长期以来被怀疑和俄罗斯情报局有关联，最早的网络入侵活动可以追溯到2008年，可以说是一个很有"资历"的组织了。

而在传统安全认知下，杀毒软件、防火墙、加密认证这些产品之间几乎不会互通有无，各个部门、企业之间也像是散兵游勇，各自为战，缺乏顶层设计，做不到协同防御，自然无法"看见"全网态势，应对高精尖的高级持续性威胁攻击。

而且，未来的互联网、物联网，甚至虚拟世界和现实世界都会彼此紧密相连，成为一个交互信息、数据的整体，对于安全防御的整体要求会越来越高。因此，数字文明时代要求安全防御集中化和标准化，构建出有顶层指挥中心和运营中心的安全防御新模式。

从高级持续性威胁攻击链角度梳理，首先它会非常隐蔽地将自己与受信任的程序融合，比如以邮件或即时消息的形式作为攻击入口，通过背后的恶意链接实现渗透潜伏；然后通过被感染的主机搜集各类信息、数据，从而完全掌握用户习惯，为发动最终的攻击做充足准备。它整个的攻击链很长，如果按照传统的安全理念，只能对高级持续性威胁攻击链上某个独立环节进行单点式防御。

而相对应的，所谓全局防御，是能对新型网络威胁做到主动探测、提前预警、风险响应、威胁追踪和安全处置。只有具备全局覆盖的能力，才可以为数字化提供全过程、全场景、全实时、成体系的有效安全防护。

我可以给大家列举一个很典型的场景，就是国家层级的防空预警体系。单独的一个雷达看到的信息是非常碎片化的，唯有从全局的角度统一调度各个体系，以及体系下的各个防御系统，互通彼此的信息与数据，才能形成真实的国土防空预警系统。

网络防御也需要如一个国家的防空预警体系一样，覆盖攻击的全部环节，

"看见"全网态势，才能实现闭环式的主动防御，这是随着数字化发展趋势而诞生的新防御理念。我们需要做的是构建起覆盖全局的、体系化的、带有顶层设计的防御思想，补齐攻击链上对应的遗漏环节，对网络新威胁形成全过程的"感知风险、看见威胁、抵御攻击"的作战能力。

5.2 "看见"是关键，"看见"是核心需求

随着安全风险和安全威胁的升级，漏洞几乎不可避免，未知风险不可穷尽。没有攻不破的网络，只有不努力的黑客。所以，我们安全防御的常态是带"洞"运行，要有敌已在我的思想准备，御敌人于国门之外的思想已经不现实。

在这种情况下，安全的核心是要做到快速看见、快速处置，建立强大的感知能力、快速的看见能力、快速的处置能力，在攻击做出破坏之前及时斩断"杀伤链"，变事后发现为事前捕获，否则一旦产生破坏，损失将十分巨大，甚至后果不堪设想。

因为，在传统安全的大环境中，黑客们的目标大都局限在虚拟的网络空间之内，危害和影响都十分有限。但新时代的网络威胁，攻击的是一个国家、社会、城市安稳运行的基础，是一家工厂、企业从内到外，从上游供应链到下游销售端的全生命周期，造成的也是从网络空间到现实世界全域的影响，这样的例子屡见不鲜。

2018 年 7 月 20 日，新加坡官方发布声明称，其国内最大的医疗服务机构——新保集团（SingHealth）遭受到了网络攻击，大量病患的就诊记录和病历信息泄露。

互联网安全公司 Trustwave 旗下实验室 SpiderLabs 的调研梳理发现，黑客

其实早在 2018 年 6 月 27 日就已经展开了窃取数据的行动。但直到 2018 年 7 月 4 日，新保集团的数据库中出现异常行动，新加坡卫生部下属的综合保健信息系统公司（IHiS）内的一名员工注意到这一迹象，通过后续管理人员进一步的检测，最终才得以发现这次网络攻击。

在与其他参与调查的情报部门交流，进一步确认所获信息的正确性后，SpiderLabs 根据各项程序（TTPs）指标，做出了十分肯定的评估：本次针对新保集团的网络攻击是一次高级持续性威胁攻击。在具体的攻击表现之上，不管是黑客团伙使用的战术、战略，还是 TTPs 指标、持续的定向攻击，都表明了本次高级持续性威胁攻击是针对既定目标的。

而且，新加坡政府也在其官方声明中强调，这一次网络从头到尾都是"蓄意的、有针对性的和精心策划的"。它们这么说的依据，是黑客曾多次、目的明确地去窃取新加坡总理李显龙的个人健康信息。

根据最终的调研数据显示，本次网络攻击致使约 150 万病患的个人信息泄露，包括姓名、地址、生日、性别、种族和身份证号码（NRIC）等。官方将它形容为"新加坡历史上最严重的个人数据泄露事件"。

可让人意想不到的是，本次"最严重"安全事件的起因却十分不起眼。首先是新保集团的一个前台工作站被恶意软件入侵，然后黑客团伙以它为跳板，在新保集团的内网中完成横向移动，最终成功窃取到了目标数据库中的数据。

传统网络威胁所使用的技术大都很单一，而新时代网络威胁，以高级持续性威胁或勒索软件为例，它们使用的技术多达几十甚至数百种，而且多以模块的形式组合而成，毁坏能力远超以往任何一种病毒。

但是不管我们会面对怎样的安全挑战，所有处置应对的前提、安全体系建设的核心都一定是首先能"看见"安全威胁，这是一切安全防御的开始。数字安全的关键在于"看见"和"处置"，看见既是核心需求，也是处置的前提。看见和处置是一体两面，只有首先看见战场、看见风险、看见对手、看见安全威胁全貌，才能做出有效响应和处置，如果"看不见"，处置就无从谈起。看见和处置也密不可分，看见的过程离不开追踪、定位、溯源，看见和处置结合起来才能做到"在对抗中看见，在看见中对抗"。

如果抛开"看见"去谈论数字安全，无异于缘木求鱼，瞎猫碰上死耗子，不仅是对自己的不负责任，对客户、对行业、对整个国家的安全都是不负责任的行为。

2022 年上半年，360 安全大脑接连检测到了多起 Mallox 勒索病毒攻击的案例。根据我们之前已有的数据显示，Mallox 勒索病毒又称 Target Company，最早进入中国时间大约在 2021 年 10 月。在早期，这个勒索病毒主要通过 SQLGlobeImposter 渠道进行传播。具体来说，Mallox 勒索病毒的发起者会先获取数据库的口令，然后进行远程下载病毒。

而在后期，也就是 360 安全大脑检测到的时间节点，Mallox 勒索病毒主要攻击企业端的 Web 应用，比如 Spring Boot、Weblogic、通达 OA 等。在攻占目标设备的权限之后，病毒就会在企业内网里迅速地横向传播，感染、攻击更多的设备，获取更多的权限，对企业的威胁极大。

除此之外，360 的安全专家在分析了最新的攻击事件后发现，黑客还会向企业的 Web 应用当中植入大量文件名包含"kk"特征字符的 WebShell。等到成功入侵到目标的设备和网络之后，黑客就会悄悄地在受害者电脑上下载 PowerCat、ICX、AnyDesk 等恶意工具，控制目标设备和网络，然后创建账户，并以这个账户为跳板，实现远程登录。

一旦网络中有一台机器失守，不法分子就会发起后续持续不断地攻击，比如使用 fscan 工具扫描整个内网，对其他有机可乘的目标设备进行攻击，尽可能获得最多设备的权限，然后开始部署勒索病毒。

Mallox 勒索病毒让人头疼的地方还不止于此，360 安全专家经过调查发现，Mallox 勒索病毒家族一共有三个发展阶段，在其中的任何一个阶段，Mallox 都会改变自己的一些特征。

第一个阶段，黑客在部署病毒的同时，会使用目标企业的名字，或者目标企业所在行业当作文件的扩展名，比如 ohnichi、artiis、herrco、architek 等。当然，为了更顺利地获得赎金，它们也会在勒索信息中提供一个暗网的地址和 ID，用以和黑客联系。

第二个阶段，为了更好地避开安全研究人员的视线与追踪，黑客不再单纯地使用目标企业名或者行业名，而是会周期性地改变扩展名。与此同时，黑客也意识到直接提供暗网地址和 ID 是不稳妥的，所以开始使用更加灵活的邮件地址。

第三个阶段，经过两次的升级改变之后，黑客又一次改变了被恶意加密文件的扩展名，比如 acookies-xxxxxxxx 格式，以此来区分受害者。

总之，改变特征的主要作用有两个：第一个是用不同的特征区分不同的受害者；第二个，不断地变换特征，就好像是易容术一样，可以让 Mallox 勒索病毒更好地躲避追兵，也就是安全人员的追踪。

由此可见，数字安全最核心的问题是"看见"威胁，而传统网络安全最大的缺陷与不足则是"看不见"风险。"看见"将是安全体系建设的核心，所谓"态势感知""挂图作战""一体化作战平台"，归根到底本质还是"看见"。而且，"看见"也是所有安全场景的共性需求，无论是数据安全、云安全、工业互联网安全，都要解决"看见"问题。

从趋势上看，"看见"是安全的分水岭，回避"看见"谈安全都是假把式，传统安全由于"看不见"，无法真正解决"感知风险、看见威胁、抵御攻击"的问题。

第六章

360 探索以"看见"为核心能力的实践历程

作为互联网免费安全的倡导者，360以免费杀毒切入，通过近20年时间，累计投入了超200亿，聚集起2000多名安全专家，成为中国最大的互联网安全企业之一，积累了2000PB的安全大数据，获得了"看见"全网态势、"看见"国家级网络攻击的强大能力。

360"看见"的能力相当于数字空间里的雷达和预警机，帮助国家解决了"看不见"网络威胁的"卡脖子"难题。

基于以"看见"为核心的安全能力，360打造"全网数字安全大脑"，为国家、政府、企业和个人提供全方位的数字安全服务（图6-1）。

360打破西方网络强国的"单向透明"优势，捍卫网空主权

挖矿攻击 1000万/天

网络电信诈骗 6000万次

漏洞 40万

样本 300亿

域名 90亿

恶意网址 7.5亿次

勒索攻击 100万/天

全球网络地图测绘 300亿

APT组织 50个

云查杀 560亿次/天

累计发现50个境外APT组织，独家捕获某大国CIA/NSA对我国关键信息基础设施长达十余年的网络渗透攻击

图6-1 360"看见"的成果图

6.1 免费杀毒颠覆行业，积累"看见"的成果

很多人对 360 的认识至今还停留在免费杀毒软件层面，实际上那差不多算老皇历了。当时正是中国台式机、笔记本电脑开始普及时，但是市场上的杀毒软件都是收费的，每年花 200 块钱买杀毒软件的人很少。2008 年，中国有 2 亿网民，但是买正版杀毒软件，即使加上装盗版杀毒软件的人，加起来也不过 1000 万，这也导致木马、病毒横行，用户苦不堪言。

我带领 360 进入互联网安全领域的时候，都是一帮不懂安全的人。我们就像蛮牛冲进了瓷器店，或像是"乱拳打死老师傅"，不懂安全软件市场的游戏规则。为了获取市场，我们采用了互联网的免费规则，率先推出免费杀毒，颠覆了整个行业的格局，建立了新的价值体系。

随着免费杀毒软件在中国的普及，中国网民安全软件的普及率从不足 10% 提升到 95% 以上。当年那些没有跟进的厂商，基本上全都倒闭了。免费之后，整个市场的规模比原来扩大了 100 倍，也终于有实力与国外的安全公司抗衡了。为此，360 每年为互联网用户节省了 400 亿元到 800 亿元的安全软件开支，中国网民也从中受益。据 2013 年微软官方发布的安全报告，中国电脑的恶意软件感染率指标为 0.6‰，只是全球平均线的十分之一。360 免费安全软件普及对中国网络安全形势的改变起了至关重要的作用，也为 360 积累了"看见"威胁的基础成果。

近 20 年，360 累计投入超 200 亿元，走出了一条看见全网态势的独特路径，构建了一套以"看见"为核心的安全运营服务体系，在服务用户和服务国家的过程中，不断攻克"看不见"的难题，取得了相当不错的成绩。

第一，360 不断捕获境外高级持续性威胁组织。高级持续性威胁已经成为当前网络攻击的最主要威胁，360 依托安全大脑，累计捕获 51 个境外高级持续性威胁组织，收录掌握全球 400 余个组织威胁情报，获取 20000 多个高级持续性威胁样本，构建 1500 个高级持续性威胁基因库和检测模型，并形成高级持续性威胁攻防对抗知识图谱，在国内同行之中处于绝对的领先地位（图 6-2）。

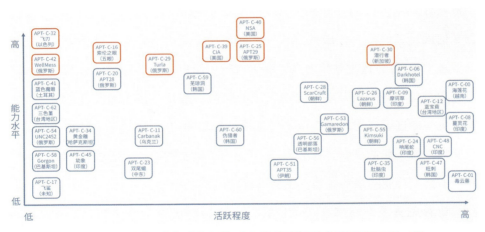

图6-2　360基于多年攻防实践，针对我国的APT组织进行画像，形成了APT组织能力象限图

据 360 情报中心、360 高级威胁研究院发布的《2021 年上半年全球高级持续性威胁（APT）研究报告》数据，仅在 2021 年上半年，360 捕获到曾对中国地区发起攻击的组织 12 个，其中首次发现的组织 2 个，分别为 APT-C-59（芜琼洞）和 APT-C-60（伪猎者）。

第二，360 持续帮助各行各业应对勒索攻击。当前，勒索攻击已经成为对全球政企数据安全最频发的威胁。公开数据显示，在 2021 年爆发的数据泄露事件中，平均每次事件会给公司带来 424 万美元的损失；其中，大型泄露事件的平均成本为 4.01 亿美元，泄露纪录高达 5000 万—6000 万条。为了应对这一局面，360 累计建立勒索病毒家族库 800 多个，每日防护勒索事件 100 多万件，保护了众多企业的日常经营和数据安全。

第三，360 深耕抵御挖矿攻击的能力。挖矿攻击不仅会消耗大量的能源、资源，还会消耗大量的计算资源，影响很多政企单位的日常运营，潜藏一系列的网络安全问题。至今，360 检测了 3 万多座矿池，每日自动拦截挖矿访问超过 1000 万。

第四，360 一直致力于帮助用户加强防护网络电信诈骗的能力。随着移动互联网技术的快速发展，传统犯罪也不断向网络空间渗透。手机信息窃取、电信网络诈骗、网络洗钱等行为，以及隐藏在背后的工具、资源、平台、渠道已经形成了成熟的黑灰产业链条，危害民众的个人财产安全，360 每天都会拦截骚扰电话 6000 万次、垃圾短信 4600 万条。

据 360 发布的《2021 年第一季度中国手机安全报告》，在 2021 年第一季度，360 手机先赔业务一共接到手机诈骗举报 606 起，其中诈骗申请 336 起，涉案金额高达 491.0 万元，人均损失 14611 元（图 6-3）。

第五，360 一直致力于提升漏洞挖掘方面的能力。漏洞是网络安全最大的命门，也是网络战时代重要的战略资源。在过去的 20 多年里，360 累计挖掘 CVE 漏洞 3000 多个，在国内排名第一，在全球范围内也是名列前茅。此外，我们还打造了全球最大的中文漏洞库，漏洞总数超 40 万，每天新增 500 余个。

第六，360 还积极构建攻击样本知识库。样本是识别攻击对手、攻击手法的基础。在与黑客交手的同时，我们会分析提炼攻击样本，并将其纳入攻

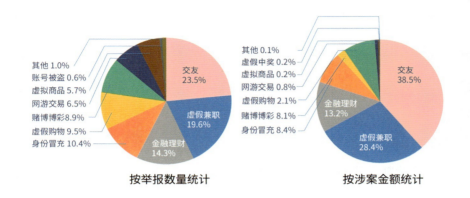

图6-3　2021年Q1手机诈骗举报类型分布图

防知识库，类似于新冠病毒的基因库一样。就这样日复一日的积累，360拥有了全球最大的攻击样本知识库，总量为300亿样本文件，每日新增1300万个，恶意样本总量达52亿，每日新增200万个。

第七，360不断积累域名安全方面的能力，筑牢数字安全基础防线。近年来，使用攻击域名来进行恶意攻击的数量比以往更多，常见的包括被入侵或劫持的合法域名、恶意注册且以假乱真的类似域名或者电子邮件欺骗。360一共积累了总量约90亿的域名，每日新增超过300万。

第八，360不断积累恶意网址样本。对恶意网址进行识别、拦截，是防御网络攻击的前提。恶意网址是指在网站内恶意种植木马、病毒等恶意程序，通过"伪装的网站服务内容"诱导用户访问该网站，一旦进入这些网站，便会触发网站内种植下的木马、病毒等程序，导致访问者计算机被感染，面临丢失账号或者隐私信息等危险。360每日恶意网址拦截近7.5亿个，恶意网址样本总量超过180亿。

第九，360还坚持完善全球网络地图测绘能力。传统的作战如果没有地图，将无法下达任何作战指令，也无法实行任何作战任务。网络空间有多少设备，设备如何连接，我们称之为网络地图，如果没有网络地图，被人打进来我们连哪台服务器失控失陷都不知道，它怎么进来的也不知道，就会非常被动。有了地图才有了作战的基础，挂图作战也好，态势感知也好，它的前提是如何建立每个单位、每个省市、整个中国，甚至是全球的网络地图测绘。360 以自身积累的能力和经验构建了自己的地图测绘平台——测绘云，360 地图测绘数据总量 300 亿条，每日新增 1000 万条。

第十，360 开启云查杀的历史先河。360 将所有的病毒样本上传至云端进行分析，并通过搜索的方式发现其中是否有可疑的行为。360 也由此开创性地成为全球首个做云查杀的安全公司。如今，360 每天云查杀 560 亿次。

正因为能够"看见"，我们才知道网络攻击，数字化攻击时时刻刻都在发生，并且所及之处后果非常的严重，城市可能会断水断电，企业受到勒索，损失动辄成百上千万，360 能够做的就是让攻击暴露在阳光下，然后再将其击破。

6.2 积累"看见"全网安全态势的能力要素

这些年，360 以互联网模式做安全，在红海中闯出一片蓝海。有人经常问我是怎么做的？为什么 360 能够"看见"？最后我总结出一部 360 的进化史，也是数字安全的进化史。

360 从"免费杀毒"切入安全市场，以互联网模式做安全，没有传统安全的路径依赖。360 面向民众的免费安全产品包括 360 安全卫士、360 安全浏览器等，迄今已经积累了超过 10 亿的用户规模，无意中建立了一个中国"民间"的安全防御体系，成为全球黑客在攻击我国时要面对的第一道防线。从另一个角度看，360 的安全产品就是黑客的"试验场"，只有突破了 360 的防线，才有可能造成后续的破坏。

可能会有人要问，为什么 360 愿意长期坚持为普通用户提供免费服务，长期坚持在对抗黑客攻击的第一线？原因有两点：第一，普通民众大多都不是我们的付费客户，我们提供免费服务主要是尽一个数字安全公司的社会责任；第二，360 一直秉持的理念是"未知攻，焉知防"，唯有坚持实战对抗，才能更好地了解最新的攻击手法和技战术等知识。在颠覆安全模式的同时，逐步积累了"看见"全网态势的如下十六项能力要素。

一是终端。"终端"是所有故事的开始。比如以前破案，一个屋子里的贵重东西丢了，侦探到现场会找各种线索，进而完成案件的侦破。但如果直接从终端出发，比如摄像头，所有蛛丝马迹都会尽收眼底，我们只要获取摄像头捕捉到的信息，就可以一眼看到凶手。

在网上也如此，任何的攻击者最终都会源自某一台终端，可能是电脑，可能是服务器，可能是云端主机，最终所有干坏事的行为都要在终端上实现。所以终端的数据能够快速帮助我们感知风险，才能快速响应，抵御攻击。实践证明，发现高级持续性威胁攻击 90% 依靠终端数据，非高级持续性威胁攻击 80% 依靠终端数据。

360 在终端上的拓展有些无心插柳柳成荫的味道。我们是全球第一家做"免费安全"的公司，受老百姓欢迎的程度超乎想象，在很短的时间里，就覆盖了全球 225 个国家和地区的 15 亿台终端。在这些机器上，我们能看清全球、全网的安全事件，终端数据是大数据分析的核心。比如在俄乌冲突中，360 基于在乌克兰境内的 60 万终端数据和过境流量数据，对俄乌网络战的主要作战行动进行了捕获和感知。

二是云端。要"看见"网络攻击，就像破案一样，很多线索单独看，并没有什么问题，但是集中到一起，就能洞察出蛛丝马迹。而在互联网，这个集中就是靠云端来汇聚 15 亿终端的数据。360 在全球范围内首创了"云查杀"，是全球第一家云原生公司，以及第一家把安全数据收集到云端做分析的公司。因为在云端做分析，就可以实现云端数据的互通和分析的协作。360 在云端聚集了海量大数据，任何网络攻击行为都能落入视野。这是我们最引以为傲的，同时也是 360 在实战攻防端的一大优势。因为有了云端汇聚和分析，在服务免费用户的时候，只要安装了我们的终端，用户电脑上的很多安全问题、发生的很多意外情况，我们都能在第一时间捕捉到、定位到，然后交由 360 内部的安全专家去解决，也因此锻炼了一支具有丰富实战经验、高强度实战对抗能力的攻防专家团队。因为追踪攻击和网络威胁的过程很像是野外打猎，专家就像是猎人，所以我们内部有一批人就被叫作"威胁猎人"。

三是安全大数据。当 360 免费杀毒软件占据主流市场，成为国民级产品后，也带来了新的意外收获，即获取了全球海量的安全大数据，并汇聚到云端。至今，在 360 的全网溯源库中，存有 520 亿条网络行为、1600 亿条进程行为、250 亿个传播链条；域名解析数据库中，有 700 亿条 DNS 解析记录，每日的解析量高达 4500 亿次；趋势分布 1.1 万亿，传播态势 2000 亿；整体安全大数据总存储数量超 2EB，每天新增超过 1.5PB，一举拥有世界上规模最大的安全大数据，不仅范围广、维度多，时间跨度也非常长。每年仅运维成本都以亿计，这是其他任何一个同行都难以实现的。

现在的互联网用户非常关心个人隐私安全，总是担心被各种软件、APP"盗取"个人信息，也有人担心 360 会干同样的事情。但实际上，360 免费杀毒软件在运行的时候，完全不关心你的个人隐私：首先这是安全行业的基本规则，其次这些数据对 360 来说也没有价值。我们就关心两件事，一是有什么软件偷偷在电脑和手机后台运行，不要以为只有电脑窗口上看得见的在运行，实际上同时有大量上百个正常或不正常的软件或程序在后台运行；二是你自己用浏览器访问网络我们是不管的，但有什么软件不是由你操作但却偷偷摸摸访问莫名其妙的网址、访问某一个 IP——这都是和木马、攻击相关的行为，属于我们需要关注的安全大数据。

四是大数据技术。数据规模大到一定程度，通用的 Hadoop、ES 大数据框架装不下，怎么办呢？360 是做搜索出身的，所以我们利用做搜索的能力和技术，建立了一套超大规模数据存储、处理和检索技术。当前，360 搜索已成为全国第二大搜索引擎，网页索引库超 5000 亿，日均检索量 9.2 亿。这也让360 安全大数据的规模，用任何开源大数据系统都无法装下，也无法做到实时的查询。

五是人工智能分析技术。实际上，在处理浩如烟海的大数据时，仅靠人工和搜索技术是远远不够的。这些原始数据就像菜肴中的原材料一样，比如茄子、萝卜、白菜，人无法直接食用，唯有加工处理之后才能色香味俱全。所以我们很早就组建了人工智能研究院，积累了安全大数据人工智能分析技术，用于海量样本的自动化分析、筛选和关联，从中发现攻击线索。终端和数据优势有时候也是个"甜蜜的苦恼"，很多技术创新都是倒逼出来的。由此，360 成了全球第一家用大数据做研判的公司。

六是数据中台。即使汇集了海量大数据也是不够的。当威胁出现时，要想在第一时间识别攻击，并做出反应，还必须构建一套强大的"中枢"系统作为支撑。由于存在高并发的海量数据处理需求，要求该"中枢"具有足够大的数据吞吐量及高并发处理能力，安全场景对数据处理的实时性要求极高，从发现病毒到拦截病毒的过程中，哪怕毫秒级的延迟都有可能让病毒有可乘之机，造成不可挽回的损失。

为了保证超大规模数据的实时处理和亿万终端的并发处理，360 基于大数据搜索技术和人工智能技术，建立了超大规模数据的治理中台和技术团队，规模和能力比肩 BAT，算力达到 210 个机房、在线物理机 20W、中央处理器物理核 100W、出口带宽 2300 吉。大家可以理解为，360 是在用互联网公司做"双十一"的数据处理能力，来解决网络攻击，这是任何一家传统安全公司都无可比拟的。

同时，360 还自主研发了"奇麟大数据"平台，利用当下最先进的分布式流处理引擎，来进行实时的大数据处理，保障了 360 安全大脑运作的及时性、稳定性，使其能够在云端对海量信息进行比对、侦测，第一时间感知到病毒或攻击。对于重要线索交由安全专家人工分析研判，最终实现从被动防御到主动防御。

七是全网视野。正是得益于"亿万终端 + 海量大数据 + 人工智能分析技术 + 持续数据运营"的成熟体系，360 才能从大数据中建立攻击行为的全局视角，能够"看见"全球和全网的安全态势。这是 360 近 20 年实践取得的最大成果，帮助国家找到了真正分析高级持续性威胁攻击的方法，解决了"看见"网络攻击威胁的"卡脖子"难题。

八是历史维度。从 2008 年开始，360 就完整地存储、记录下了"看见"的全量安全大数据，无意中形成了另一项独特的优势：完成了攻击线索的历史回溯关联等工作，并在实战中发挥了无可替代的作用。

这一点有很多人不是特别理解，总有人跑来问我，技术不断创新，我只要掌握最新的技术信息不就行了吗？为什么还要积累过去的数据呢？其实大家有这样的认知一点儿都不奇怪，从某种角度来说，它也是对的，因为大多数攻击使用的手法和技术，一定都是最新的，是不曾在市面上出现过的技术，所以才会防不胜防。

但是大家要思考一个问题，那就是绝大多数的技术都是连续发展创新的，很少有跳跃式的。从这个角度来说，任何一项新型攻击技术和手段，大都有着连续的发展路径。当我们掌握了全部历史维度的数据，就能更加全面彻底地"看见""看清"攻击的真实面貌，进而有的放矢地拿出应对方案，实现攻击回溯、关联的任务。

为什么我们能够发现某超级大国在我们系统里潜伏了十年的渗透和攻击过程，正是因为在历史数据中都可以找到曾经的痕迹。

九是安全样本库。当前，360 的安全终端已经成为全球黑产、网军无法越过的屏障。任何作恶的人要在中国干点什么，包括其他国家的网军，总是绕不开 360。所以，它们就会装上 360 测试一下自己的攻击代码能不能行。但我们也很聪明，一般先不吭气，因为刚开始我也认不出来你是不是攻击，我们是一帮做搜索的人。所以，不管三七二十一先把样本收上来再说，不做本地判断，而是样本多了之后我们再进行比较，并对一些奇怪的样本进行人工分析。这就像防治新冠疫情一样，如果连样本都拿不到，就很难制造相应的特效药和疫苗。360 把全球黑客的最新样本第一时间收集到云端，不知不觉就变成了全世界拥有网络攻击样本最多的公司，样本文件总数 300 亿，仅仅是每天的增量就达到了千万数量级，积累形成了世界上最大的安全样本库。所以，我们对付网络攻击的方法是全世界最多的，这也是打破传统安全手段，通过大数据做安全的魅力。

十是高级持续性威胁基因库和攻防知识库。样本库只能帮助 360 发现、解决已知的网络攻击，要识别那些未知的、新颖的攻击，还需要掌握样本的基因组成、高级持续性威胁组织的攻击技战法。对于积累下来的攻防知识，我们会进行专业的分类，比如高级持续性威胁组织知识库、攻防过程、消除缓解、方法列表、软件列表、战术列表、技术列表等，而后进行更有针对性地分析研究，如此才能积累下更有价值，更有实战意义的数据。360 通过人工智能自动分析和安全专家威胁狩猎，从海量样本、渗透和攻击事件中提取了高级持续性威胁基因库和攻防知识库，包含了近千个技战术种类、数千杀伤链模型，数万个漏洞利用和典型攻击的实例，百万攻防知识图谱和百亿实战分析图谱。毫无疑问，这就是一部网络战时代的基因图谱和《孙子兵法》。

为了让大家有更清晰的理解，我以高级持续性威胁知识库为例进行讲解。

与传统的病毒不同，它并不是一个单独的攻击样本，而是由上百个技术模块、攻击手法聚合在一起组成的成百上千个样本。因此，高级持续性威胁攻击的时间跨度极长，而且是一个持续不断的过程，攻击的发动者往往会耐心地通过几个月、几年，甚至更长的时间，对攻击的目标网络进行"踩点"。而且，它在潜伏期间大都处于"静默"的状态，所以很多检测手段并不能做到有效的捕捉。当"时机成熟"，高级持续性威胁会在瞬间破坏目标网络，使其进入瘫痪状态或是实现各种意图。

提及高级持续性威胁知识库，就绕不开"对抗战术、技术与常识知识库（ATT&CK）"。"对抗战术、技术与常识知识库"作为一个全球性网络对手战术和技术知识库，由美国 MITRE 公司推出。它能够将已知攻击者行为转换为结构化列表，将这些已知的行为汇总成战术和技术，并通过几个矩阵以及结构化威胁信息表达式（STIX）、指标信息的可信自动化交换（TAXII）来表示，来帮助用户更好地检测到攻击者，进而创建弹性和欺骗性策略，帮助客户快速适应和应对网络攻击。

但需要大家注意的是，受地缘政治的影响，"对抗战术、技术与常识知识库"只收集来自俄罗斯、中国、伊朗等国家的高级持续性威胁组织，而不涉及美国及其盟国的高级持续性威胁组织。例如，大多数比较著名的俄罗斯高级持续性威胁，都在"对抗战术、技术与常识知识库"的"团体"分类中进行了详细说明，包括 APT28（FancyBear）、APT29（CozyBear）、Indrik Spider、沙虫团队（Sandworm Team）等。

在与众多高级持续性威胁攻击对抗实战经验中，我们积累了大量的攻击样本和数据，建立起了攻防对抗知识库、高级持续性威胁全景攻击知识库、漏洞知识库、病毒库等多维度全景安全知识库，有助于"360 安全大脑"自动检索不明程序或网络威胁，及时甄别可疑行为，协助安全专家快速筛选攻击线索。

十一是攻防对抗。时代在进化，敌人也在进化。我们的对手早已不是固化的病毒和木马，每个攻击背后都是高水平的黑客，攻击手法也在不断变换迭代。因此，我们必须抛弃卖货思想，不能安全产品卖出去就不管了，安全的本质是人与人的对抗。

在近 20 年的成长历程里，360 接触最多的应该就是网络攻击了。回顾这些年的真实对抗，从最初的本地病毒库查杀到云查杀，从小蟊贼、小黑客到以高级持续性威胁和勒索攻击为代表的新时代网络威胁，我们能清晰地感受到，网络攻击的强度和难度正在以几何倍数增长。新时代的高级别网络威胁之所以会造成重大的危害和影响，主要的原因就在于这些威胁中包含了更多的技术手段，使用了不同的、更加复杂的排列组合。

和传统安全模式不同，360 采用云模式，能够为用户持续提供云端安全服务，实时处理亿万终端的安全事件。安全专家常年处于高强度攻防之中，在10 亿终端上帮助用户做查杀、追踪、阻断、清理，在实战中不断磨砺能力。这是传统卖货思想不具备的素质和能力，他们将产品卖给客户后，安全问题都交给了客户，很少做安全对抗。

十二是专家团队。数字安全的本质就是人与人的对抗，只有高级别的人才和专家，才更懂高级别的网络威胁。我们常年在攻防一线得出的结论是，真正对样本的深度分析还是要靠人工。全世界的黑客、黑产都痛恨 360，他们入侵电脑，首先是要把 360 干掉，而 360 天天琢磨如何不被干掉，在电脑里和有组织的犯罪团伙以及其他国家的网军展开攻防对抗，打遍天下黑客。

所以 360 的安全团队不同于其他公司，别的公司都是招聘售前工程师、售后工程师、产品工程师，360 招聘最多的是白帽子黑客，来跟其他国家的网军交手。对网络安全而言，人是最重要的，无论多么先进的武器，最后也是掌握在人手里的。所以，我们坚持走精英化路线，打造"安全作战特种部队"（图 6-4）。

至今，360 磨炼造就一支业内顶尖的网络攻防专家团队，包括 300 人的安全精英团队和超过 2000 人的安全专家团队，人称东半球最大的白帽子军团。针对不同领域，我们还分门别类地成立了 14 个技术研究团队和 10 个研究机构。

图6-4　360成立的14个技术研究团队和10个研究机构

　　360的白帽子军团是获得了全球认可的。谷歌官方于2021年12月4日公布了2021年Chrome（VRP）Top20最具价值精英榜，致谢全球前20位安全研究员为Chrome和Chrome OS安全性提升做出的杰出贡献。其中360入选人数和综合排名全球第一：漏洞研究院的李超位居榜首，其他6名安全精英也跻身榜单（图6-5）。在此之前，360共向谷歌报告了44个高质量漏洞，并及时协助完成Chrome产品和系统修复，为谷歌产品安全性提升做出了突出贡献。

0	Leecraso (@leecraso) of 360 Vulnerability Research Institute
1	Khalil Zhani
2	Rory McNamara
3	David Erceg
4	Cassidy Kim of Amber Security Lab, OPPO Mobile Telecommunications Corp. Ltd.
5	Weipeng Jiang (@Krace) from Codesafe Team of Legendsec at Qi'anxin Group
6	Yangkang (@dnpushme) of 360 ATA
7	raven (@raid_akarne)
8	Nan Wang (@eternalsakura13) and koocola (@alo_cook) of 360 Vulnerability Research Institute
9	Rong Jian(@_ROng) of 360 Vulnerability Research Institute
10	ZhanJia Song
11	Zhong Zhaochen
12	Anonymous
13	Brendon Tiszka
14	Jose Martinez @JosexDDD from VerSprite Inc.
15	oldfresher of 360 Vulnerability Research Institute
16	Anonymous
17	SorryMybad (@SOrryMybad) of Kunlun Lab
18	Wei Yuan of MoyunSec VLab
19	@mtowalski1, Marcin Towalski of Cisco Talos

图6-5　2021年Chrome（VRP）Top20最具价值精英榜

　　十三是漏洞能力。由于长期处在攻防一线，360 花了很多精力深入研究各国最先进的攻击手法，把所有的攻击代码分析之后，发现所有高水平的攻击都有超越病毒、木马的手段，例如零日漏洞这种被发现后立即被恶意利用的漏洞。漏洞是网络安全最大的命门，也是网络战时代重要的战略资源。它改变了人们对网络攻击的传统认知，因为有漏洞的存在，敌人可以利用某一个你想不到的漏洞，神不知鬼不觉地攻进来，漏洞的数量和质量直接决定了网络攻击的水平。

　　现在，不清楚漏洞就无法获知敌人的攻击手法，不了解敌人的攻击手法就难以建立有效的防御体系，这也成为安全行业的共识。在很多公司都不关注漏洞的时候，360 在 10 年前就认为必须要建立对漏洞的挖掘和储备，并很早就成立了漏洞研究院。经过 20 多年的不断积累，我们已经成为国内漏洞研究最深、技术最强的公司，漏洞挖掘及研究人员高达 300 余人，形成了世界一流的漏洞挖掘能力。

　　2021 年上半年，360 捕获的高级持续性威胁组织使用的在野零日漏洞数量在全球网络安全公司中排名第一。在微软安全响应中心（Microsoft Security Response Center，MSRC）评选的安全精英榜中，360 连续三年位居榜首。2021 年第一季度精英榜，360 安全专家以 4365 的成绩，领先第二名将近一倍的分数（图 6-6）。

　　当一家安全厂商拥有了发掘漏洞、修复漏洞的专家团队和具体能力，便可以构建相应的产品或服务，一来可以帮助企业、政府机构解决数字安全问题，二来也是为国家的数字安全贡献一份不可磨灭的力量。

　　比如国内首个开源漏洞响应平台——360BugCloud，该平台已累计收录的开源通用软件漏洞高危率高达 98%，累计发放漏洞赏金 5000 万。漏洞的提交成功守护了上千万终端，涉及政府、企业、事业等上百余家单位，覆盖能源、

MSRC 2021 Q1 Security Researcher Leaderboard

RANK	NAME	POINTS
1	YUKI CHEN	4365
2	CAMERON VINCENT	2250
3	KIRA	885
4	LILITH ⌐ (◉ ˇ◉) ┌	630
5	SURESH C	510
6	WTM	495
7	CALLUM CARNEY	488
8	CLAUDIO BOZZATO	450
9	RYOTAK (@RYOTKAK)	430
10	ANAS LAABAB	395
11	WILLI	265
11	ZHANGJIE	265

图6-6　MSRC 2021年第一季度精英榜（红框选中的选手为360安全专家）

金融、交通、医疗、电信、教育众多关键行业领域，挽救全球数亿的价值损失。

与此同时，我们还推出了集漏洞挖掘、漏洞管理、专家响应、漏洞情报预警等于一体的一站式漏洞安全服务。这套模式的"疗效"是有目共睹的，也因此获得了诸多客户的高度肯定，收到了包括微软、谷歌、苹果等顶尖互联网公司的约 2000 次官方漏洞致谢。

十四是运营体系。安全防御需要持续的运营，而不是一锤子买卖，围绕数据的采集、存储、处理、分析，以及安全事件的发现、追踪、攻防、溯源，360 在内部不断整合优化人、技术、工具、数据和平台，逐步建立了一整套安全运营体系。

跟大家分享一个 360 专家团队为客户提供安全运营服务的案例，某省会城市的人民医院因为担心医疗数据泄露，或者被网络勒索而导致业务出现问题，采购了一整套的安全软件和设施。但尴尬的是，医院并没有相关的专业人员，面对安全设备每天报出的上百个警报，他们束手无策，最终设备变成了摆设。

后来这家医院找到了 360，我们派出了一支专家团队，深入浅出地讲解了安全警报的实际意义以及对业务可能造成的影响。之后，我们又梳理了医院购买的整套解决方案，举办了数次实战攻防演练，并给他们的 IT 人员做了培训。最后，360 根据医院的实际需求，列出了一个可分为三期的安全运营方案，在持续的运营中不断提升了这家医院的安全防护能力。

十五是服务能力。以产品为连接，以运营体系为依托，360 从一开始就用软件运营服务（SaaS）为用户提供了稳定的安全服务，在连续的 10 多年时间里，服务了全球超过 15 亿的用户。"服务能力"也成为区别网络安全和数字安全的一个标志性的因素。过去产品卖给用户，就跟厂商没关系了，顶多做个售后支持。今天，产品只是厂商和用户之间的一个接口，用户购买了产品，持续长期的服务才刚刚开始，而且从卖产品变成提供长期持续的网络服务。

十六是商业模式。从免费安全开始，360 无意中积累了海量的用户，每年靠互联网的收入反哺安全投入。因为安全不赚钱，只有互联网模式才能支撑得起高强度的投入。360 连续 10 年每年在安全上投入 20 亿，累计超过 200 亿，用于安全核心技术研发、基础设施建设、大数据维护、高水平团队建设。我们的安全投入超过行业 Top10 中第 2 名到第 10 名的总和，最终形成了独特的"以安全支撑互联网、以互联网反哺安全"的商业模式。

360 的发展历程中，一直在做服务，一直在做攻防，一直在积累数据。用了近 20 年，投入 200 亿，聚集了 2000 名安全专家，积累了 2000 拍字节的安全大数据，建立了"云、端、数、智、人、知识、运营体系、服务能力"八大核心优势，这些能力综合在一起，使 360 获得了"看见"全网态势、"看见"国家级攻击的强大能力。这一能力相当于数字空间里的雷达和预警机，为解决"看见"的"卡脖子"问题探索出了一条创新之路。

6.3 构建以"看见"为核心的作战思想

由于 360 充分认识到，安全的核心是要做到快速"看见"、快速处置，在攻击做出破坏之前及时斩断"杀伤链"，变事后发现为事前捕获，于是提出了以"看见"为核心的作战思想：

一是数据致胜、集中研判。 数据是"看见"的基础，依靠特征规则只能发现已知的风险和威胁，要"看见"未知的风险和威胁必须依靠大数据的采集、汇聚和分析。数据越多"看见"越多，数据分析能力越强，"看见"的能力越强。

但传统安全产品一方面主要依靠已知的特征规则，不重视安全大数据的采集、分析，只能解决一些已知的小安全问题，看不见未知威胁和复杂攻击。

另一方面，传统安全人为对安全进行碎片化分割，分割成终端安全、流量安全、数据安全、云安全等独立部分，相互之间数据不打通，每一块数据都不足，各部分进行单维度分析，相当于铁路警察各管一段，头疼医头脚疼医脚，导致看不见安全的全貌，看不到安全事件的全过程。

传统安全产品停留在就地分析和本地分析两个层面上，就地分析可以掌握的数据非常局部，本地分析掌握的数据也十分有限，数据分析的广度、深度受限，无异于"坐井观天"。

因此，要做到"看见"必须要两手抓，首先是要广布探针，尽可能多地采集各种安全数据，利用大数据分析来发现未知风险和威胁；其次要打破传统安全的人为切割，汇聚打通云、网、边、端、数、人等各个维度的安全数据，基于多维度数据做集中研判；最后，要把本地数据和全网数据做融合分析，连接全网数据和全网知识库做全网分析，打破就地分析、本地分析的局限性，掌握安全风险、威胁和攻击的完整信息和整体态势。

二是内控资产，外防攻击。古话说，知己知彼才能百战百胜。放到安全产业中，就是要内控资产，外防攻击。传统的安全防御体系之所以很难应付数字安全问题，有很大一部分原因是对内"看不清"内部资产，资产的管理处于失控的边缘，导致安全风险不可见、不可知、不可管；对外则"看不见"威胁和攻击，根本无法形成有效的"态势感知"，由此导致的一个窘境就是，只有被攻击了之后，才知道危险，甚至是被攻击了之后，依然没有察觉。

而管好资产是业务正常运行的前提，是消除已知安全风险的基本功。成功抵御攻击很重要的一点是及时发现未知的威胁和攻击，把事后响应变成事前处置。因此，安全防控应该从防范内部风险和外部威胁两个方向抓起，而且两手都要硬，从内部摸清家底，扫清资产，降低自身的脆弱性和失陷概率。在抵御外部攻击时，要知局部、知全局，通过大数据分析发现可能潜在的攻击线索，并进行及时的处理。

三是以人为本、整体运营。安全的本质是人与人的对抗，安全威胁越来越强大、攻击技战法不断变化，通过给客户装一两个产品就能自动发现威胁的时代已经过去了，任何安全产品都做不到无人值守。没有人的参与，安全只能是静态的、机械的工具化。

但传统安全以卖货为导向，重建设轻运营，产品安装后就成了摆设，有没有攻击不知道，产品是不是发挥作用也不清楚。

此外，在传统模式下，企业各个分支机构、城市各个单位分而治之，各自为战，安全运营能力分散而且普遍弱小，每个部门"看见"的视野都非常有限，都只能管好自己的一亩三分地，不可能具备统一的感知、分析、响应能力。

要应对安全威胁，3 分靠技术，3 分靠管理，4 分靠运营，运营是成败的关键。所以，未来软硬件工程师主导的堆砌产品模式要向攻防专家主导的平台运营模式过渡，只有建立"人机结合、以人为本"的安全运营体系，才能真正解决发现线索、"看见"攻击、威胁狩猎、响应处置的问题。

要做好安全运营，首先要建立具有丰富实战攻防经验的运营团队，把堆砌产品模式转变为"人机结合、以人为主"的安全运营模式；其次，要建立集中化的运营平台或者运营中心，把孤立的安全产品通过平台连接起来，掌握整体安全态势，建立起安全的总体视野、统一指挥、协同响应能力；最后，还要长期持续运营，在运营中不断发现薄弱环节、积累经验、提升能力。

四是三融五跨、协同联防。针对威胁和攻击的处置，协同联防是关键，这个过程需要实现跨层级、跨地域、跨系统、跨部门、跨业务，达到一点发现、全局响应、全网清除。同时，不同系统、不同厂家的产品之间还应统一标准和接口，实现数据互通和协同响应。

"三融五跨、协同联防"的核心是做好"一横一纵"。横即横向到边，通过统一标准把不同厂商产品统一到一个运营平台上，关联不同组件警报，联动安全控制点，实现技术融合、业务融合、数据融合。而实现"跨层级、跨地域、跨系统、跨部门、跨业务"的前提就是要纵向到底，通过统一指挥调度，才能形成协同联防、协同响应。

五是攻防实战、检验提升。安全的本质是攻防对抗，实战是检验安全能力的最终标准。因此，一个单位的安全能力必须要经得起真实的攻防检验。

传统安全产品基本上是软硬件工程师在主导设计，对安全的对抗本质缺乏理解，更不具备真正的实战对抗经验，在罗列功能数量上下功夫，而忽视真正解决安全对抗的能力，甚至自身存在严重的安全漏洞。

网络安全讲一百遍不如打一遍。所以，我们需要树立"攻防实战"的思想来检验安全能力，并不断强化两个观念：第一，安全产品的评判不应该以功能数量为标准，安全能力的衡量也不应该以是否合规为标准，一切都要以实战能力和实战效果来评判；第二，要通过实网、实兵、实战的攻防演练，做到发现问题、封堵漏洞，培训人才、提升技能，改变意识、加大投入，创造生态、推动创新。

六是持续服务、输出能力。客户购买产品不是它的目的，它们要的是安全的结果，而非产品本身。换言之，安全的本质是服务，安全未来的出路也一定是服务。

即使对于以政府企业为代表的大型单位而言，也许它们拥有比较强的安全运营能力，也不可能独自拥有全网数据、全网知识和高级攻防对抗能力，依然需要获得持续的软件运营服务，通过服务来补齐加强本地化能力。

但站在中小微企业的角度来看，面向大企业的安全体系建设模式不再适用，最合适的模式是软件运营服务，通过云服务方式提供拎包入住式的安全服务。

在这个过程中，传统安全厂商由于不具备互联网服务的基因，所提供的安全服务停留在售后运维、安全驻场等传统服务层面，无法提供软件运营化的服务。

从客户需求和行业的发展趋势来看，未来的安全应该以服务的方式提供，为产品买单应该变成为结果买单，通过数据服务、分析服务、安全托管服务，真正解决客户的需求。更为重要的是，客户的安全能力足够强之后，还可以以服务的方式对外输出。

总而言之，要做到"持续服务、输出能力"。首先，需要为运营能力强的大型客户提供安全运营服务，补齐"看见"全网威胁能力、高级攻防对抗能力；其次，为中小客户提供拎包入住式的软件运营安全服务，通过云服务方式获得安全服务；最后，还要帮助客户建立安全基础设施，为客户提供对外服务赋能的能力。

七是场景开放、生态赋能。从时代和行业发展的趋势来看，数字化场景一定会不断扩展，这也决定了安全底座要成为开放平台，才能够扩展更多的安全场景、融合更多的生态厂商能力。这就要求安全公司既要兼容现有不同厂商的安全产品，又要融合更多的安全产品和服务，做到集众所长，生态融合。具体而言，就是以互联互通标准建立开放融合的业务场景，将不同厂家、不同品牌的安全产品的数据接进来、功能对接起来、能力赋予出去。

6.4 打造全网数字安全大脑，形成独有的"看见"能力

为加强网络安全，习近平总书记在 2016 年 4 月 19 日网络安全和信息化工作座谈会上强调："要全面加强网络安全检查，摸清家底，认清风险，找出漏洞，通报结果，督促整改。要建立统一高效的网络安全风险报告机制、情报共享机制、研判处置机制，准确把握网络安全风险发生的规律、动向、趋势。"

为将网络安全防御落到实处，360 公司基于前述 16 项能力要素的积淀，建立了全网数字安全大脑，该大脑能够实时采集全网安全大数据，实时对海量数据检测分析，建立全网安全态势平台，高级安全专家团队利用多种生产运营平台发现威胁、捕获攻击，通过软件运营化服务（数据服务、情报服务、专家服务）帮助用户抵御攻击，相当于打造了一套数字空间的预警机（图 6-7）。

这样一套总框架的建立，让 360 获得了业界最强的全网"看见"能力，并由此延伸出了一套完整的"感知风险、看见威胁、抵御攻击"的闭环过程。这个过程包括四个层次：感知（Sense）、发现（Discover）、洞察（Insight）、响应（Action）。

第一个层次是感知，知已知。这就是要摸清我方家底，包括"看见"战场和"看见"风险。"看见"战场就是绘制自身的网络地图，了解自己的网络上有哪些数字资产、业务、数据、系统、应用、身份等，从而知道自己的家底。"看到"风险则是指对自身可能存在的不足进行摸底，进行风险排查，比

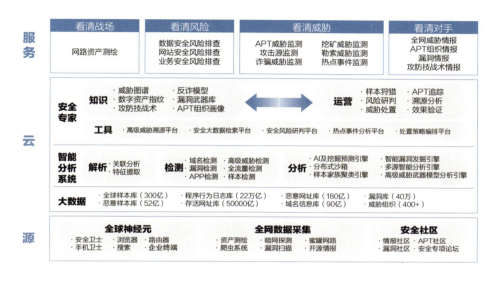

图6-7 360 全网数字安全大脑总体框架

如漏洞、弱口令、错误配置、暴露端口等，从而提前查漏补缺。

第二个层次是发现，知未知。即发现未知的威胁和异常，从而及早防范。其中威胁包括威胁态势、威胁图谱、攻击技战术、威胁情报等；异常则包括设备行为异常、人员行为异常、应用行为异常、数据行为异常、网络通信异常等。只有对威胁和异常保持高度敏感性，才能在对手攻击前防患于未然，或者第一时间解除危机，降低攻击损失。

第三个层次是洞察，知过程。即对敌方攻击的过程和态势能够实时掌控，从而有效应对进攻。这主要包括狩猎追踪和态势评估两个方面，首先是狩猎追踪，包括攻击者追踪、攻击意图追踪、攻击路径追踪、攻击手段追踪、攻击过程追踪等内容；其次是态势评估，比如入侵态势、风险态势、合规态势等。通过对攻击过程的了如指掌，能够很快找到对应的防御手段，第一时间处理威胁。

最后一个层次是响应，知效果。当我们能感知风险，"看见"威胁和攻击后，第一时间就需要采取相应的抵御攻击措施，这包括通知被攻击方，包括通知通告、自动编排、手动调动等响应编排手段，以及尽快阻断、隔离、清除威胁和攻击，并修复加固数字设施，防止进一步的攻击。

6.5 打造以"看见"为核心的数字安全大脑框架

在前期以"看见"为核心的能力要素基础上，结合新的战法，360 将自己重新定位为"数字安全运营商"，其中的核心是运营服务，搭建起了一套以"看见"为核心的"数字安全大脑"框架，做到了云地协同、双脑联动、感知风险、看见威胁、抵御攻击，为政府、企业、城市和中小微的数字化转型保驾护航（图6-8）。

图6-8　360数字安全运营服务体系框架

对于数字安全大脑框架的实施方法，我们一共分为四个层级：

一是摸家底，"看见"战场。主要通过测绘资产、业务、数据、系统、应用、身份等，摸清家底，建立数字空间地图，从而看清与对手的攻防战场。

二是扫风险，"看见"已知威胁。这主要是通过持续扫描漏洞、弱口令、错误配置、暴露资产等行动，"看见"已知的漏洞和已知风险，从而达到查漏补缺的效果。

三是建体系，"看见"未知风险、"看见"未知威胁、抵御攻击。这一层级分为5个步骤，分别是布探针、建中台、建团队、连全脑、做运营。布探针是通过布设云、管、端、边、数、人全维探针，持续采集数据，实时感知潜在风险；建中台是把采集来的数据汇聚至数据中台，利用中台的分析能力自动发现异常线索，对于一般性安全事件自动化响应处置，对于复杂事件线索提交人工运营；建团队是通过组建数据分析专家、运营专家、攻防专家组成的运营团队，可以是本地团队，也可以是云地协同的混合团队，从而对异常线索进行分析以及日常运营，并对攻击行为进行处理等；连全脑则是帮助客户接入全网数字安全大脑能力服务，为其提供包括数据服务、分析服务、专家服务等在内的各项赋能；做运营则是通过数据、人、工作平台交互协作，对可疑攻击线索进行分析，并形成阻断、追踪、对抗、定位、清除、修复、溯源、加固、通报，做到"看见"威胁、"看见"对手，并且进行样本分析、知识入库，形成运营闭环。

四是提能力，"看见"体系短板。主要通过日常开展渗透测试、攻防演练和人员培训，发现问题，提升能力。这方面，360提供了两种落地模式：

一种是对于有运营能力的客户，比如大型政企单位和城市，360采取的是体系化输出模式。为客户输出完整运营体系，帮助客户本地布设探针、建立数据中台、部署安全基础设施、搭建运营体系。调用360云端全网探针、获得360云端MDR（托管检测和响应）服务，做到云地协同，形成一套完整的"看见"、阻断、清查、加固、培训、演练的安全运营体系。依托安全运营体系，为下级单位提供安全服务。

另一种是针对没有运营能力的客户，比如中小微企业，360则准备了安全托管模式，在企业端布置本地探针、终端等，提供 360 云端安全托管服务。

　　我们这套框架的核心不是卖产品给客户，而是帮客户搭建一套以"看见"为核心的安全运营体系，本质是服务。传统安全习惯卖产品，打个比方就是"卖药"。但买产品不是客户的真需求，就好比我们去看病，目的不是开药，而是获得医疗健康的服务。安全行业也一样，未来一定是以结果为导向的软件运营化持续服务。如果说安全的来路是"看见"的能力，我认为安全的未来一定是服务。

第七章

从To C、To N再到To B，贡献数字安全中国方案

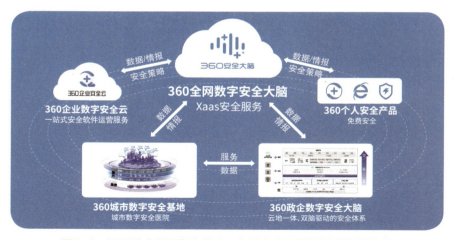

360 是中国数字安全领军企业，致力于为国家、政府、城市、企业、个人提供领先的数字安全产品和服务，以安全助力数字中国建设。在数字化的时代背景下，360"上山下海助小微"，以"看见"为核心，为数字安全时代贡献中国方案（图 7-1）。

上山，就是上科技高山，帮助国家解决"卡脖子"难题，成为国家战略科技力量；下海，即下数字化蓝海，帮助政府、企业、城市建立数字化业务场景的安全底座；助小微，扶助中小微企业，实现数字化"共同富裕"。总的来说，360 构建的中国方案分为 5 个方面：

To Nation（面向国家），实现全网 SaaS 化输出；

To Enterprise（面向企业），搭建安全运营体系建设；

To Metropolis（面向城市），建造城市数字安全运营基地；

To SME（面向中小型企业），实现 SaaS 化安全托管；

To Customer，不忘初心，坚持免费安全。

图7-1　360以"看见"为核心，为数字安全时代贡献中国方案

7.1 以"看见"能力服务国家，构建国家数字空间"防空预警体系"

基于过去 20 多年的积累，360 建立了一套以"看见"为核心的安全运营服务体系，形成了一套"感知风险、看见威胁、抵御攻击"的安全能力。这种全网安全态势的"看见"能力，最好的服务对象就是国家，因此 360 将全网态势感知和国家级网络攻防对抗能力贡献给国家，帮助国家解决了很多"看不见"的"卡脖子"问题，并针对各大监管部门，以软件运营服务化方式，输出全网安全数据，提供数据赋能，构建了国家数字空间的"防空预警体系"，全面支撑国家数字空间安全保障。

第一，帮助国家解决"看不见"的"卡脖子"难题，捕获境外的高级持续性威胁攻击（图 7-2）。某大国曾经扬言，其在网络安全上对中国有绝对优势。事实也是如此，对方长期以来在我国来无影去无踪，享有单向透明的优势。但是，360 在 2020 年和 2022 年两度捕获并曝光了该国情报部门在中国长达 10 余年的网络攻击，同时，我国的网络安全公司也成为攻击的重要对象，而唯一一家入侵了但没成功的公司就是 360。这些"看见"的成果有力支持了我国的国家安全，瓦解了对方在我国网络空间中长期潜伏的情报窃取。

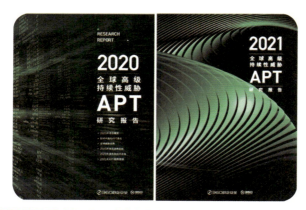

图7-2 持续跟踪境外国家级对手对我攻击态势，支撑国家解决"看不见"卡脖子问题

2022年3月，360数字安全集团发布独家报告，公开披露某大国国家安全局为达到该国政府情报收集目的，针对全球发起大规模网络攻击，其中我国是重点攻击目标之一。

报告显示，从2008年开始，360云端安全大脑整合海量安全大数据，独立捕获大量高级复杂的攻击程序样本，进行了长期的追踪分析，并实地从多个受害单位进行了取证，结合关联全球威胁情报，以及对斯诺登事件、"影子经纪人"黑客组织的持续分析研究，确认了这些攻击属于该国国家安全局，进而证实了该国国家安全局长期对我国开展极为隐蔽的攻击行动。

与此同时，360与系列行业龙头共建了高级持续性威胁研究实验室，依托360的安全大数据和企业自身的安全能力，发现了该国国家安全局针对系列行业龙头企业长达10余年时间的攻击活动，随后将该国国家安全局及其关联机构单独编号为APT-C-40。

360安全团队通过对取证数据分析，发现APT-C-40针对系列行业龙头公司的攻击实际开始于2010年，结合网络情报分析研判该攻击活动与该国国家安全局的某网络战计划实施时间前后衔接，攻击活动涉及企业众多关键的网络管理服务器和终端。

该国国家安全局为了实现监控全球的目标制订了众多的作战计划，360 安全专家通过对中招后提取的后门样本配置字段进行统计分析，推演出该国国家安全局针对我国的大型攻击活动，仅验证程序（Validator）后门一项的感染量保守估计达几万数量级，随着持续攻击，演进感染量甚至可能已经达到数十万、数百万量级。

长期以来，为达到该国政府情报收集目的，该国国家安全局针对全球发起大规模网络攻击，我国被列为重点攻击目标。360 发现该国国家安全局对中国境内目标的攻击如政府、金融、科研院所、运营商、教育、军工、航空航天、医疗等行业，重要敏感单位及组织机构成为主要目标，占比重较大的是高科技领域。

同时，根据该国国家安全局机密文档中描述的 FOXACID（酸狐狸）服务器代号，结合 360 全球安全大数据视野，可分析发现其针对英国、德国、法国、韩国、波兰、日本、伊朗等全球超过 47 个国家和地区发起攻击，403 个目标受到影响。

第二，率先提出"实战"导向的安全理念，支撑国家级实网攻防演练。360 率先提出了"实网、实兵、实战"的安全建设理念，连续七年支撑国家级网络安全攻防演练，赋能省市级公安部门、各行业单位。

360 也积极参与建设国家级和区域级大数据网络靶场，它包含了两个建设重点：一是实网攻防靶场，二是蓝军部队。以 360 的前期探索为例，简要说明一下。

建设实网攻防靶场方面，国家级实网攻防靶场被视为某大国新时代的"曼哈顿计划"，我想仅是这个称号，大家也能明白实战靶场的重大意义。而且经过多年的发展，网络靶场技术已经从军用变为军民两用，从国家走向了商业应用。

实网攻防靶场是 360 安全能力体系的众多关键基础设施之一，在建设过程中，我们一直坚持"1 个视角、3 个维度、4 大设施、5 种能力、12 种服务"的理念。其中，"1 个视角"是指始终围绕实网攻防的视角；"3 个维度"是指攻击方维度、防守方维度和攻防过程维度；"4 大设施"是指人员训练平台、攻防竞赛平台、高仿真虚拟靶场和新一代实网攻防平台 4 大实战对抗演练基础设施。

"5 种能力"是指训练、真打、评估、防护和管控。训练包括了理论培训、竞赛锻炼；真打就是真实攻击、实网攻防；评估是通过科学的评估模型覆盖攻防两端的能力评估；防护是可以基于虚拟仿真靶场作为战时的蜜网防护；管控则是覆盖全流程的安全管控能力；"12 种服务"是指人员训练、实网知识学习、攻防竞赛、智能渗透、可控渗透、产品检测、攻击行为分析、实网攻防演习、武器验证、蜜网防护、网络状况评估和应急响应流程规划。

在具体应用场景之中，通过安全大脑的数据、信息、知识赋能，在攻防、分析、实战对战的过程中，360 实网攻防靶场积累了大量的安全经验，并将它们内化进入了实战化对抗演练平台。我们已经向城市、行业、企业公开了该靶场，旨在帮助大家验证自有安全能力体系真实的攻防能力，在实战环境中发现问题和不足，加以改进，实现安全能力的持续成长。

这样一个实网靶场并不是一蹴而就的，国家级实网靶场考虑的维度和面临的挑战更加复杂。因此，面对日新月异的网络环境，任何一款实网攻防产品都需要以自身网络架构为起点，根据业务场景的需求，找到最适合的安全能力体系，并坚持科学调整、持续加强的运营理念。

打造具有一票否决权的蓝军部队。360 能获得当下的实力和市场地位，最主要的一个原因就是我们的产品、服务有非常高的质量，而这种高质量则来源于我们对自己的高要求。360 内部有一个原则：有问题不可怕，最可怕的是第一不承认；第二出了问题竭力遮盖，而不是积极去找问题。为此，我们建立了一支十分强大的蓝军部队，专门给自己的产品"找碴儿"。

而且，这支蓝军部队拥有一个特权：一票否决权。360 所有的软硬件产品在面市之前，在通过了一般的可用性测试、程序 bug 测试之后，最后一关就是要经受住蓝军部队的安全测试，假如没有通过，那么就会被淘汰掉。此外，为了方便此类对抗更加顺畅有效，360 搭建了一个补天平台：使用这个平台，白帽黑客们可以更好地"找碴儿"，发现企业安全能力体系中存在的漏洞。

总而言之，面对数字文明时代背景下的网络威胁，我们一定要时刻保持居安思危的警觉性，不能走上老路。在和平时期，政府、企业也应当坚持在实网攻防靶场中实战演练，切实提升体系框架的安全能力和国家层面的网络攻防对抗能力。对于任何一个防守力量，尤其是对国家网络防御体系来说，最重要的是造好"盾牌"，盾牌能否经受住"敌矛"的攻击是关键。在此之前，也要看它能否经受住"己矛"的攻击，作为"己矛"的蓝军越强大，"盾牌"才会越坚韧。

第三，360 积极参与支持国家级重大活动的安全保障。360 积极参与包括"一带一路"国际合作发展论坛、上合组织峰会、全国"两会"、党的十九大、九三阅兵等，凭借自身在"看见"方面的能力，以及过硬的专家团队和实战攻防经验，为保障各项活动的顺利召开，提供了有力支持。

第四，360 积极发挥国家战略科技力量的引领作用，承担多个国家级科研平台建设。目前 360 承接了科技部颁发的国家网络安全人工智能开放创新平台和国家发改委颁发的大数据协同安全国家工程实验室。

早在 2019 年，当科技部公布首批国家人工智能开放创新平台名单时，

360 集团就作为唯一一家安全企业入选"人工智能国家队"，参与搭建国家级人工智能开放平台，这背后是国家层面对 360 在人工智能安全方面的高度认可。

同时，360 还积极挖掘人工智能中的安全风险，360 至今已累计发现 Tensorflow、Caffe、Pytorch 等主流机器学习框架及供应链漏洞 200 多个，其中提交给谷歌 Tensorflow 的漏洞数 98 个，包括 24 个高危、严重漏洞，在全球各大厂商中排名第一，并入选了中央网信办"人工智能企业典型应用案例"。

人工智能开放创新平台不仅包含网络空间测绘系统 Quake，还包括人工智能框架安全检测系统 AIVUL、全流量威胁分析系统 AISA、新一代实网攻防靶场平台以及算法模型安全检测平台 RealSafe 等多个先进技术平台。平台于 2020 年 6 月获得科技部"科技创新 2030——新一代人工智能重大项目"资助，并已与清华大学、中科院自动化所、中科院信工所、北京瑞莱智慧科技有限公司、浙江大学等开展共建合作。

基于 360 在人工智能与安全领域多年的研究和实践，平台联合产学研生态力量，持续深耕人工智能系统安全创新研究，积极探索人工智能在网络空间安全重要场景中的创新应用。平台建立开放服务机制和产学研合作平台化机制，推动中小初创安全企业、垂直行业、人工智能产业快速发展，重点解决人工智能安全领域创新环境匮乏的难点，帮助国家提升人工智能安全整体防御能力，打造人工智能的"安全底座"。

截至目前，360 安全大脑开放平台的能力已经落地于工业互联网、物联网、智能网联汽车、智慧城市等场景，以共享技术成果，推动国家人工智能安全整体防御能力提升。

大数据协同安全国家工程实验室也是看重 360 雄厚的大数据处理能力、

世界领先的大数据安全分析技术与安全大数据资源。2016 年国家明确了组建 13 个大数据领域国家级工程实验室的专项目标，其中在大数据安全方向组建一个，目标是解决大数据环境下数据安全保障、大数据安全分析与监测等关键问题，这一重任最后交到了 360 肩上。

目前，大数据协同安全国家工程实验室基于近几年来大数据安全分析关键技术的突破、培养的人才、积累的安全大数据和一线高级持续性威胁狩猎所形成的攻防知识等核心能力，已能够助力城市、政府和企业整体提升应对高级威胁攻击的安全能力，并多次发现来自境内外高级持续性威胁组织发动的网络攻击，用事实展示出实验室在大数据安全方面的世界领先能力。

2017 年以来，共提交漏洞 204 个，发现在野零日漏洞 6 个，"360 全视之眼"获得 2019 年世界互联网大会全球领先科技成果奖。与此同时，实验室还带领合作伙伴积极支撑各级政府部门和大型企事业单位，为其在攻击发现溯源、遏制勒索软件、病毒攻击预测、漏洞挖掘等方面提供了有力协助。

在推动大数据开放共享方面，实验室不仅实现了数据开放，还实现了服务开放、算力开放。实验室与 CNCERT（国家互联网应急中心）共享数据样本，支持 CNCERT 进行高级持续性威胁攻击分析；向运营商开放诈骗电话数据，用于防止电信诈骗；构建猎网平台，向公安机关和网民全面开放可疑手机号、网址、QQ 号等信息的查询、检索，警民共同打击网络犯罪。而且，还建立了 XLearning 人工智能开放平台，向民众开放。

7.2 定位数字安全服务商，为政企客户数字化保驾护航

在数字安全时代，安全厂商可以分为两类：一类是传统意义上的，以售卖安全产品为主的厂商，另一类是数字安全服务商。360 要做的是后一种，除了基本的技术产品和服务之外，我们还要帮助客户集中建设以数字安全大脑为核心的安全运营体系，形成统一的感知风险、看见威胁、抵御攻击的能力。

为了建设这套安全运营体系，我们将向客户开放全球和全网的终端作为探针，并提供云端安全大数据分析体系，360 的安全专家团队同时可以为客户提供 MDR 服务，以此输出全套数据、专家、AI、服务和运营能力。

同时，融合客户本地安全大脑和分析，通过云地协同，形成一套完整的看见、阻断、清查、加固、培训、演练的安全体系，通过长期持续的安全运营，消除传统安全体系中碎片化的防护缺陷，搭建一个真正的安全堡垒。

为什么要做长期运营？为什么要做体系化防御？根本原因在于，堆砌安全产品的防御体系就如同建立"马其诺防线"，是以传统的防御思想去对抗运用新战术的敌军，结果就是白白浪费了大量的资源，却根本无用武之地，甚至可能是一击即溃。给大家举一个 360 参与的案例。

2021 年 9 月，360 承建了天津医科大学总医院（以下简称"总医院"）内网安全运营项目，旨在为总医院构建一套行之有效的数字安全能力体系（图 7-3）。

图7-3 360为天津医科大学总医院构建数字安全能力体系

在短时间内，360 为总医院构建了全网统一的动态安全运营服务体系，全面实现高级持续性威胁可发现、安全事件可预警、安全态势可感知、威胁情报可分析、攻击行为可追溯，同时提高了态势感知、威胁分析、自动化处置水平，整体及时发现、阻断、响应大规模、高级别网络攻击威胁，统一感知，整体协防，系统性持续提升安全防护能力，有效保障各业务系统安全稳定运行。

此外，360 还利用专业的技术人才、平台和订阅服务，提供安全驻场服务、安全数据处理服务、安全分析服务、基础运营服务、威胁情报订阅服务、流量数据采集和分析服务等服务内容，将安全运营服务融入日常工作中，加强动态模式的安全防护能力、提高安全监测预警效率，不断完善数字安全体系建设，应对新形势下的数字安全新问题、新威胁。并且在服务过程中，提供以大数据为基础的服务专用安全分析平台，构筑云端双向赋能体系，强化检测与响应能力，为安全运营服务提供强大的技术支撑保障。

最终，该项目获得了客户一致的好评，帮助用户解决了网络（含信息化）运行过程中相关的问题，通过订阅服务＋工具的交付方式，弥补客户内部人员、技术不足，减少安全事件响应时间，提升安全运营工作效率和精准度，为业务安全运行保驾护航，保障业务安全，对结果负责。

另外，体系构成维度复杂，无论对抗还是发展，相对产品而言都要灵活得多，产品发展只能更新换代，而体系发展不仅可以局部迭代、局部重构，甚至可以彻底革新，更能够应对不断变化的安全挑战。

因此我一直在呼吁要抛弃"卖货思想"，拥抱长期"服务"。现在360全面转型为新一代数字安全服务公司，把自己近20年来积累的安全运营能力，输送到各个数字化场景之中，帮助政企客户建立自己的安全运营体系，形成能够成长的、有效的数字安全防护能力。

跟大家分享一个具体的案例。2021年4月，360与苏州市纺织工业协会达成战略合作（图7-4）。众所周知，苏州是我国十分重要的纺织工业基地，具备丰富的纺织产业门类，形成了涵盖棉纺织、毛纺织、化纤、印染、针织、服装、纺织机械等产业链，纺织业也因此成为苏州重要的支柱产业之一。

图7-4　360与苏州市纺织工业协会达成战略合作

　　基于本次合作，双方在工业互联网、工业数字化、智能工厂、智能车间等领域进行了深度的产业探索和技术研究。360 工业互联网安全研究院根据实地考察结果和协会实际需求，提供了免费的安全诊断服务以及"AI+ 安全监测"的管理服务，帮助协会全面开展数字化转型工作。后续，360 工业互联网安全研究院将会继续在安全防护、智能化提升、培训教育等方面提供服务和帮助，推进产业链的提质增效。

　　除了与苏州市纺织工业协会的战略合作，天津市省级工业互联网安全态势感知平台同样是我们在工业互联网领域一次意义重大的实践。作为牵头方，360 基于自身安全大数据、威胁情报分析优势，全力服务于天津本地工业互联网企业的健康发展（图 7–5）。

图7-5　天津市省级工业互联网安全态势感知平台效果图

7.3 建设城市数字安全服务中心，保障城市数字化

在数字文明时代，软件定义城市，当整个城市都架构在软件之上，数字安全将变成特别重要的基础，成为城市的基座。因此，城市的数字化和数字安全应当同步建设，才能为城市保驾护航。

城市作为经济、人口的集中地，未来将集聚全国 80% 的生产总值和人口。俄乌冲突等现实案例已证明，城市已成为网络战的首选战场，也是维护国家数字安全的主阵地。一旦城市的政府服务、关键基础设施群遭受网络攻击，就会让城市业务停摆、经济停滞、社会动乱。

但是部分政府部门、企业，对数字安全的重视以及做出的应对都不尽如人意，要么是关起门来自行搭建安全系统，要么就是重复建设浪费大量的财力、物力。数字安全是城市数字化的基座，如果没有从全局出发进行科学的安全能力体系规划和安全能力建设，智慧城市无异于是在"裸奔"，而且很可能是跑得越快，越容易造成悲剧性的灾难。

因此，我在和各地城市相关负责人沟通时，都一直强调以城市为主体，由政府统筹打造城市级的数字空间安全基础设施，建设城市的"数字安全医院"，包括城市级的统一感知系统、应急系统和指挥系统，做到及时发现、快速响应、联防联控，为各单位输出安全基础服务，为城市数字化保驾护航。

因此，为了能够"看见"城市安全威胁，快速处置，我们需要高度汇聚

城市安全数据，盘点城市数字资产，实时感知城市安全态势，输出安全威胁情报，才能实现对潜在安全风险、高级安全威胁的可防可控。通过打造实网攻防靶场，完善安全基础设施，培养本地安全人才，提供基础安全服务，进而真正提升重大安全事件的快速响应能力，提升城市全面安全应对能力。

为了把服务亿万个人用户和服务国家安全的能力落地到城市当中，帮助城市建设数字安全基地，打造一套城市级的"感知风险、看见威胁、抵御攻击"的安全运营体系，360 提出了建立城市数字安全基地的"4+2"工程。其中"4"分别对应一个本地化公司、一个城市数字安全大脑、一个城市数字安全运营中心和 1 套实网攻防靶场平台；"2"对应的是企业安全云和城市反诈云。

1 家本地公司： 360 投入专家、大数据、技术等能力与城市共建本地化运营公司，发挥龙头带动效应，帮助城市打造人才聚集高地和创新高地；

1 个城市数字安全大脑： 建立起城市网络地图测绘体系、漏洞风险扫描探测体系、安全数据采集体系、大数据分析体系、安全运营体系，形成集中化的安全中枢；

1 个城市数字安全运营中心： 建立安全专家运营团队，"7×24×365"持续监测安全态势，对安全事件持续进行发现、阻断、追踪、定位、通报，为城市领导和监管部门提供决策支持和技术支持；

1 套实网攻防靶场平台： 通过定期开展实网攻防演习，实现"以攻促防"，提升城市各单位网络安全防御水平，保障关键基础设施和城市运转系统能够经受实战化网络攻击的考验，并在演习中检验网络安全体系的有效性，培养和提升网络安全人才实战能力，加强关键基础设施日常安全运营能力，最终提升安全防护能力，推动参演单位不断完善网络安全建设，提升网络安全防护能力；

1 朵城市反诈云：建设互联网反诈平台，为公安、金融、运营商提供精准的反诈数据，为市民提供反诈预警、风险拦截服务，打造"无诈城市"；

1 朵城市企业安全云：通过云服务方式为企业提供拎包入住式的安全服务，解决中小企业数字安全"没钱、没人、没技术、没效果、没保障"的问题。

安全的本质在攻防对抗，而实战是检验安全能力的最终标准，安全能力必须要经得起真实的攻防检验。我在这里重点阐述一下 360 新一代实网攻防靶场平台的价值。

这个平台是 360 经过多年实践积累和科研成果为基础自主研发而成，从攻击终端、网络通道、数据分析等多个环节充分保障演习的安全性、可靠性、时效性和灵活性。其独有的可视化功能可以直观地反映出攻守双方的实时攻防状态、攻击方和防守方的成果以及攻守双方的现场情况，为展示网络攻击技术的最新技术水平和成果提供了安全可靠的平台。平台通过攻防常态化工作，帮助企业构建数字安全"人才库、战法库、工具库、漏洞库"，培养安全防护能力。

为了方便大家的理解，我举一个国内某知名银行部署 360 新一代实网攻防靶场平台，实现"以攻促防"，开展常态化实战安全攻防演练的例子。

众所周知，金融行业是我国关键信息基础设施的重点行业，也是城市正常运营必不可少的一环，维护金融数据的完整性、保密性和可用性是金融行业的工作重点。但当前随着新技术、新应用的快速发展普及，网络攻击事件频发，也让金融行业面临着严峻的数字安全挑战，加强金融关键信息基础设施已成为新形势下维护国家网络安全和城市安全的需要。

正因意识到数字安全对自身的重要性，某知名银行部署了 360 新一代实网攻防靶场平台，持续开展正向纵深防护建设、反向主动验证的常态化攻防实战体系建设，建立了符合自身特点、具有攻防兼备能力的信息安全运营体系，让安全成为数字化业务的内在属性，全方位提升了数字化系统的实战防护能力。

一是秉持"以攻促防，攻防兼备"的理念，综合运用自有攻击力量、外部攻击资源，利用攻击渗透手段，通过互联网、专线、第三方、办公等多个维度，开展高频、常态化、实战化的攻防演练，持续发现安全防护弱点，不断提升威胁感知和实战防控能力，降低风险暴露概率。

二是针对暴露在互联网的资产，通过红队视角对实战演习中易被利用的漏洞和风险开展自动化评估和演练，持续监测资产暴露风险，提高风险和威胁识别能力。

三是建立日常演练和验证机制，以 ATT&CK 攻击框架为指导，建立场景化的监测防护有效性验证工作框架，利用自动化手段开展安全策略有效性验证，梳理纵深防御中的安全防护策略和检查策略，开展静态、动态策略相结合的有效性验证，通过分析和优化检测、防护设备规则的有效性，建立策略运营新闭环，持续推进安全运营策略的优化和完善。

四是依托实战化、常态化攻防演习，丰富各类安全应急预案，优化应急处置流程和手段，开展各类桌面沙盘应急演练，有效提升了各团队协作及防守能力。

五是运用实战化方法，持续检验系统和人员的安全免疫度。通过定期发送攻击测试数据包钓鱼邮件，检验总行、分行以及各机构的监测效果和人员的应急响应速度，实战化检验整体安全效果，提升人员网络安全意识，保障战时的安全状态和效果。

在城市安全落地实践方面，我举一个和上海合作的例子。大家都知道，上海是一个多元化、现代化的国际大都市，在大数据、人才、科技等方面，在全球都处于领先的发展位置，因此数字安全对上海这个城市的数字化发展来说至关重要。为了帮助上海构建起立体化的城市网络空间安全运营体系，360 充分利用上海现有资源和基础，与上海当地政府建立全方位、多层次的深度合作。

2021 年，360 中标了上海城市安全大脑项目信息化及配套设施项目。项目的主要建设内容包括 1 个城市安全大脑、3 个国家级赋能平台、6 个国家级能力中心以及基础支撑环境搭建和相关配套工程，包含上海城市安全大脑运营中心；上海国家大数据安全靶场、大数据协同安全技术国家工程实验室上海分中心、国家新一代人工智能开放创新平台；国产化安全中心、上海国家网络安全人才培养中心、新基建网络安全风险展示中心、公共安全服务中心、安全漏洞运营中心、工业互联网安全中心；基础支撑环境及配套工程等。基于此，360 将把网络安全、数据安全、物联网安全、供应链安全、云安全等基础安全能力赋能上海，为上海数字产业提供变革的新动能。

创新城市数字安全建设新模式，就是要把过去的"卖药"模式，升级为建设城市的"数字安全医院"，构建城市网络安全与数字化发展长效机制，打造以"看见"为核心的城市数字安全能力体系。相比传统模式，"4+2"方案有三方面的重大升级：

一是安全能力从分散到集中。过去城市并非数字安全的建设主体，各个单位"谁建设谁负责"，自行建设、各自为战、能力普遍很弱，缺乏统一的感知、应急、指挥体系，新模式借鉴应急和疾控的模式，集中数据、集中专家、集中分析、集中研判，能够建立起城市数字安全的总体视野和统一策略；

二是安全模式从产品采购到持续运营。传统模式下安全建设就是采购一堆产品，不断堆砌盒子，安全厂商以销售为目的，产品卖出去生意就结束了。新的模式不以销售为目的，基地建成是运营服务的起点而不是终点，在持续运营中帮助城市不断解决安全问题、提供安全保障；

三是安全水平从合规到能力。传统模式下城市政府部门、企事业单位缺少高水平安全服务和技术支持，以满足合规为衡量标准，面对"看不见"数据泄露、高级持续性威胁攻击、勒索攻击等问题，安全事件高发态势得不到遏制，新模式以能够做到"四看五知"：看见战场、看见风险、看见威胁、看见对手，知己、知彼、知内、知外、知人，为城市提供"感知风险、看见威胁、抵御攻击"的能力。

智慧城市具备了一套成熟的、顶层设计的数字安全体系，就能够更便利地为城市政府部门、社会企业和普通百姓提供如同水电气一样的基础数字安全赋能服务，将城市整体性的安全水平提升到新的高度。接下来，我以360的两个落地项目为例，具体讲述一下安全体系的作用。

第一个是360数字安全集团与重庆合川区的合作。重庆合川区安全运营中心以360本地安全大脑MDR服务为前提，为城市数字安全基础设施提供了诸多强大的服务支撑，包括自动响应的云端安全运营服务、动态防护、实时监测、精准识别等，进而构建了指挥控制、安全运营、态势感知、应急响应为一体的市区两级联动的协同机制。

区别于传统的MDR服务，360本地安全大脑MDR服务具备三大突出优势：

第一大优势在于知识的沉淀和积累。在360云端数据库中，存储着全球独有的安全样本库，规模最大的安全大数据，以及多年来在实战攻防端积累、形成的战术、技术、程序等大量其他从业者所难以企及的知识库。这些数据或知识是360本地安全大脑MDR服务最大的依仗。基于此，我们能够为合川区提供基于实战攻防的安全运营和知识图谱，全面检测、排查、定位可能存在的安全隐患，构建一套可以主动防御，可以系统化运营的安全能力体系。

第二大优势是安全专家运营。这是我一再强调，同时也是客观事实的一个点，即360拥有行业内数一数二的安全专家团队和力量。目前在360数字安全集团内部，具备高精尖专业化技能和丰富实战经验的安全精英超过3800人，在网络攻防、漏洞挖掘、高级威胁狩猎等方面有着十分优异且效果显著的表现。以他们为支撑提供的主动式、高质量的运营服务，能有效提升合川区政府各个环节的安全能力。

第三大优势是安全大数据存量。安全大数据是"看见"威胁的前提。依托于360数字安全集团EB级别的安全大数据，360本地安全大脑MDR服务能够快速识别威胁，助力合川区构建主动防御和高效运营。

在360本地安全大脑MDR服务落地实施后，能够从"事前对相关单位进行漏洞层面的监控预警""事中定位网络安全攻击所处阶段、安全专家协助处置""事后归纳总结，结合安全大数据分析指导未来网络安全建设方向"三个层面提升客户的综合安全防御能力。

此外，360重庆合川区安全运营中心获得了社会各界的高度认可和赞扬，比如IDC就将该中心评选为中国智慧城市安全运营中心的最佳实践。"合川模式"也被视为一种先行典范，被运用到天津、青岛、鹤壁、苏州、郑州等城市，形成了政府、城市、360云端三级的托管专家服务，极大地增强了城市数字安全的防御能力。

另外一个十分典型的案例就是鹤壁360数字城市安全大脑。这是我们落地的首个地市级安全大脑，前后一共用时 3 个月，建成了助力城市数字化发展的安全基础设施群。该项目不仅可以利用安全基础设施为鹤壁做好数字安全服务，同时也推动了当地数字经济、智能制造产业链、供应链上下游企业的聚合、汇聚，吸引更多的数字安全项目和业务，进一步促进了鹤壁智慧城市的建设工作。

这一项目中，360 数字安全集团的主要建设内容包括鹤壁城市网络安全大脑、国家工程实验室、国家大数据安全靶场、新一代人工智能开放创新平台、国家级网络安全人才培训中心、新基建网络安全风险展示中心、信创适配安全检测中心、鹤壁市网络安全公共服务中心、网络安全大脑运营服务中心等业务板块，业务板块所需的基础支撑环境建设和配套设施，以及安全支撑平台等（图 7-6）。建设完成之后，切实推动了鹤壁市政府网络威胁预警、高级别威胁狩猎等能力的建立和发展，形成了"实战化、体系化、常态化"的网络安全空间对抗体系和具有典型特色的政企防御体系。

图7-6　鹤壁360数字城市安全大脑

360 城市数字安全服务中心对于城市而言具有两个层面的价值，第一层面是安全本身的价值，第二层面是产业发展的价值。

在安全层面，由于城市整体数字安全能力水平的提升，将产生安全善政、安全兴业、安全惠民三方面的作用。一是帮助城市官员掌握安全态势，帮助城市网安监管部门提升发现风险、处置事件能力；二是为城市产业发展、产业数字化转型提供更优质的安全服务，提升城市产业发展环境；三是赋能数字政府建设，基于大数据，针对互联网广告监管、网络舆情监管、打击网络诈骗、打击网络新型经济犯罪等方面打造专业化业务平台，与市场监管部门、广电部门、公安和网信等部门的业务系统高效协同，实现善政提效；四是与城市共同打造全新数字安全能力体系，建设和运营城市级数字安全基础设施的方式，将数字安全能力赋能于城市，为城市的数字经济发展保驾护航。

在产业层面，通过引入龙头企业、带动数字安全高科技产业，将大大提升城市产业的发展质量。一是从"招商引资"到"招才引智"，告别过去圈地搞房地产的模式，变为引进高端人才、领先技术等优质资源；二是利用头部企业的品牌效应和生态带动能力，带动产业链发展；三是打造"城市名片"，以数字安全为切入点，在落实国家战略、推进城市发展、保障市民安全各层面形成鲜明的城市特色；四是推进中小微企业数字化改造，实现兴业惠民，通过企业安全云、办公云、企盈客、金融科技等方式向中小企业赋能，解决中小企业在企业上云、安全办公、产品推广、融资借贷等方面的难题。

一个值得信赖的城市安全网络能够使得产业汇集、生态汇集、价值汇集，大幅度提升城市的治理质量和面貌。在数字安全能力体系的帮助之下，城市中的各种数字化场景，比如智慧能源、智慧社区、智慧交通等也更加容易得到扩展，从而构建起一个真正有效的智慧城市安全基座，努力实现四大方面的安全保障。

第一个方面是保障经济安全，包括保障资源安全、金融安全、产业安全、财政安全、信息安全不受外来势力的威胁，稳步提升国内生产总值的含金量。

第二个方面是保障产业安全，包括保障农业安全、工业安全和金融服务业安全，保证经济和社会全面、稳定、协调和可持续发展。

第三个方面是保障社会安全，包括保障社会治安、交通安全、生活安全、生产安全，为社会稳定和人们幸福持续助力。

第四个方面是保障治理安全，包括为智慧党建、疫情防控、城市管理、民生服务等城市治理领域提供持续安全赋能，让城市运营更加智能、安全、高效。

在现有成绩的基础上，我们仍会继续维护、深化各地安全产业格局，积极地与各地政府进行更深层次的合作，利用"看见"安全威胁的独特优势，多维度地助力各地数字城市转型进程，提升核心竞争力，为数字经济的高质量发展贡献力量。

7.4 以 SaaS 化安全服务，助力中小微企业数字化转型

当产业数字化已经深入各行各业时，中小微企业却可能被忽视了。截至 2021 年底，我国中小微企业有 4800 万家，占企业总数的 99%，贡献了 60% 的国内生产总值、50% 的税收和 80% 的城镇就业。中国发明专利的 65%、企业技术创新的 75% 以上和新产品开发的 80% 以上，都是由中小企业完成的。不夸张地说，4800 万中小微企业能否成功实现数字化转型，直接关系着国家数字化战略的成败。

然而，作为国家经济"毛细血管"的中小微企业，却面临着"掉队"的危险。原因在于：虽然在产业数字化转型进程中，大量中小微企业主动积极拥抱数字技术，通过数字化转型提高产品竞争力和运营效率。但是，还有很多中小微企业对数字安全不够重视，还未充分认识到数字安全带来的严重影响，即使重视数字安全的中小微企业也往往不知道该如何做。

根据 360 天枢智库在 2022 年上半年发布的《中小微企业数字安全报告》显示，在被调查的 142 家国内中小微企业中，有 81% 的企业认为，他们比一年前更加关注数字安全问题，几乎百分之百的受访者表示，他们比 5 年前更加关注数字安全问题。另外，所调查的中小微企业普遍反馈，他们并不知道如何解决安全问题，也很难找到适合自己的安全方案和服务。

其实不只是国内，Devolutions 公司在全球范围内，对中小微企业展开

了调研，并发布了《2021—2022 中小企业网络安全状况报告》，结果显示，72% 的受访者认为他们比 12 个月前更担心数字安全，其中约有 88% 的中小企业承认，他们比五年前更关注数字安全问题。

大家之所以会更加专注安全问题，主要有两方面的因素，首先是进入数字时代之后，频繁发生的重大数字安全事件，比如 SolarWinds、Log4j2 等，它们造成的严重后果让人们不能不去关注数字安全；其次是政府机构的大力宣传，频频出台相关的安全法律、法规，推动了中小微企业对数字安全的关注大幅提升。

然而现实情况却是，大多数中小微企业的数字化却处于盲区之中，深陷在没钱、没人、没技术、没效果、没保障的困境当中。即使他们认识到数字化的重要性，也心有余而力不足，依然停留在使用 Office 和电子邮件的水平，系统软件的使用率非常低。

技术成熟、资金雄厚的大型企业都已经安稳地走上了数字化转型的快车道，享受到了数字时代的便利和红利。可是他们数字化所采用的企业级软件，往往意味着要做耗资巨大的软硬件采购，以及复杂的部署、配置，专业化的培训和使用。过去十年来，云服务的兴起一定程度上降低了门槛。但是，大企业在云上所普遍选用的 IaaS 算力托管和 PaaS 基础服务托管的模式，中小微企业同样用不起、玩不起、养不起，中小微企业面临数字化掉队的风险（图 7-7）。

相较于 IaaS、PaaS 来说，软件运营服务（SaaS）是最适合中小微企业的服务形式，能够有效帮助中小微企业高效实现数字化。因为，这种服务形式顺应了从一堆分散工具进化到一体化服务这一数字化的客观发展规律。举个例子，过去我们建网站需要采购服务器、建机房、配 OPS 人员，现在建网站有了一站式的网站托管服务。

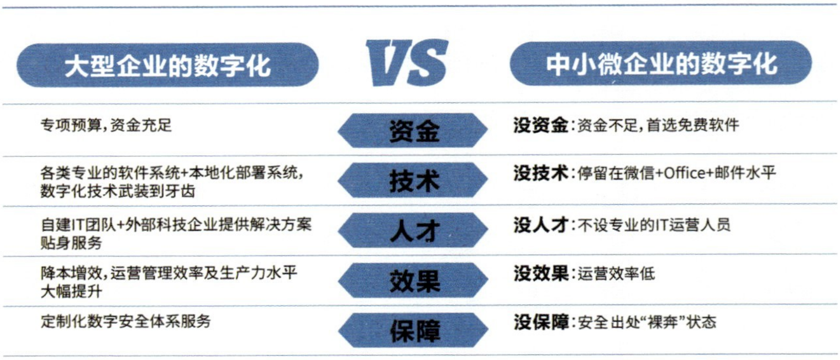

图7-7　大型企业与中小微企业数字化对比

软件运营服务的本质就是业务托管，它是一次革命，交付门槛低、技术难度低、使用成本低。不需要考虑服务背后用了多少存储、算力，写了多少行代码，更不需要复杂的本地部署，也不需要专业的技术人员，只要有个能上网的浏览器就够了。

并且，这种服务模式的收费模式灵活，普遍采用 Freemium 模式（免费增值模式），即基础功能免费，增值服务收费，不仅有试用期，还能按月订阅。这将传统中大型企业巨大的软硬件投入、配置工作都省掉了。中小微企业可以像去百货商店购物一样，根据具体的需求，采购某个软件运营服务，而且可以按需选用（图7-8），类似于"拎包入住"。

图7-8　SaaS是中小微企业数字化转型的捷径

在这种大背景之下，360 顺应市场需求，推出了 360 企业安全云。360 企业安全云在 360 安全大脑全面赋能下，以十亿级海量终端为探针，依托于全网安全大数据平台，将行业领先的企业管理与 IT 运维思想产品化，围绕终端、网络、软件、数据与资产、防勒索进行立体化模块建设，充分发挥软件运营服务优势（图 7-9），打造智能、灵活、高效的企业级数字化安全与管理平台，护航中小微企业完成数字化升级转型，确保"数字安全一个都不能少"。

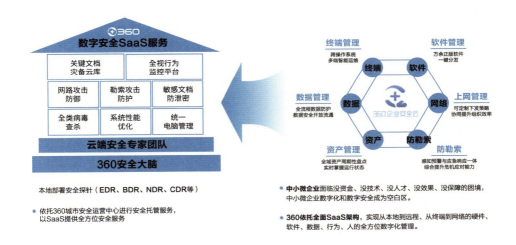

图7-9　360企业安全云：为中小微企业提供新一代数字安全SaaS服务

360 企业安全云现已发起乘云计划，提供超过百亿补贴，面向中小微企业提供轻量化免费安全服务。未来，360 还将通过推广新型云上安全服务，引领数字安全创新应用，为中小微企业数字化发展提供更全面的安全保障，夯实企业数字安全底座，为数字中国战略贡献力量。

举一个例子。华生交电集团有限公司是一家家电连锁企业，在全国各地都有自己的门店和终端设备，就跟很多传统行业里的从业者一样，他们公司一线的销售人员根本没有太高的数据安全意识。因此，从整个数字化大环境和安全行业从业者的角度来看，华生交电对集中高效的终端管理和安全防护方案有着很急切的需求。只不过，受限于当下的企业规模和预算，他们一直都没有匹配到合适的解决方案。

在这样的大背景下，华生交电成为 360 企业安全云的用户之一，在终端管理、数据安全防护、降本增效等方面都有不错的体验。公司里的硬件工程师在使用了 360 企业安全云的产品之后说："最大的感受是更方便了，不用再去沟通厂家，在线输入地址就能自动更新和升级系统，服务器在云端，随时随地方便管理。对于我个人来说，也不必'全省跑一圈'来进行设备运维管理了。"

除了技术和能力方面的优势，360 企业安全云还充分考虑了中小微企业的规模、资金和安全需求，形成了使用成本低、技术难度低、操作难度低、交付门槛低、配置要求低等特点，实现"拎包入住"式安全云服务。

自从 2022 年 3 月 1 日推出以来，360 企业安全云以软件运营化的安全服务，获得了客户以及社会各界的高度认可。截至 2022 年 8 月份，360 企业安全云已经服务了近百万家中小微企业。在 2022 年 8 月 4 日，《人民日报海外版》发表了一篇题为《从"大、重、全"到"小、精、灵"——为中小微企业提供"拎包入住"式安全云服务》的文章，充分肯定了 360 企业安全云对中小微企业数字安全和数字化转型的重大意义和积极作用。

文章指出："传统安全方案的'大、重、全'等特点无法满足中小微企业'小、精、灵'的数字化需求。中小微企业需要更灵活、更实用、更及时、更简单、更轻便的数字安全解决方案。"360 企业安全云做的，就是要用"拎包入住"式安全云服务，助力中小微企业数字化转型。

7.5 不忘初心，免费安全保护亿万网民

我经常讲，过去炫技式的小黑客、小蟊贼已经退出历史舞台，取而代之的是更加专业化、成体系的网络犯罪组织，他们的攻击目标一般不会是普通网民。很多人对此的理解是，普通人上网就绝对安全了。但事实并非如此，那些专业化的网络犯罪组织，他们的黑灰产业链攻击最终依然会伤害普通用户。

随着移动互联网技术的快速发展，大众的数字生活日益丰富多元，传统犯罪不断向网络空间发展。信息窃取、电信网络诈骗、网络洗钱等行为，以及隐藏在背后的工具、资源、平台、渠道已经形成了成熟的黑灰产业链条，危害民众的个人财产安全，社会合力共治刻不容缓。

这些年黑产在攻击手段上不断进行技术迭代，包括防止域名被拦截衍生的防洪域名，降低社交账号关停影响使用的第三方在线客服，第三方 IM-SDK，隐藏诈骗平台使用的第三方框架，链条分支越发完整，技术对抗难度越来越大。同时各黑灰产业链已不单独应用于某一类型的犯罪，各链条间存在千丝万缕的联系，"相辅相成"共同为网络黑产团伙提供服务。跟大家分享一个案例。

2021 年 3 月，某学校博士生被诈骗 10 万元的事情迅速成为互联网热议的话题。

具体情况是，2021 年 2 月该博士生收到手机号归属地为陕西西安，自称为"支付宝"工作人员的电话。对方在电话中表示，根据国家二号文件规定，需要对支付宝的学生认证信息进行修改，并准确说出了该学生的学校信息。

由于来电号码归属地与支付宝企业所在地不相符，用户一开始并不相信对方的话。为了打消用户顾虑，诈骗者解释到该号码使用了"虚拟归属地"设置，为证实身份，可以给用户发送一条支付宝身份校验短信。用户在收到校验短信之后，所有的怀疑都被打消，开始相信对方。随后对方以保证事情的合规性，需要进行监控取证为由，引导用户拨打了"中国证监会"的第三方监听机构电话。

随后，诈骗团队的其他成员以用户个人信息泄露，保证用户账户安全为由，引导用户在多个贷款平台申贷，并将所贷资金转入对方提供的"银监会"账户中。用户多次转账后，才逐渐意识到自己被骗。

此类的诈骗案件屡见不鲜，相关的报道常常成为网友热议的社会话题。根据 360 手机卫士发布的《2022 年上半年度中国手机安全状况报告》（以下简称《报告》）。2022 年上半年，360 安全大脑基于用户举报数据分析研究，发现虚假兼职、交友、身份冒充仍是手机诈骗中的高危诈骗类型（图 7-10）。其中，虚假中奖人均损失最高，约 7.5 万元；其次为身份冒充类，人均损失约为 5.6 万元。上半年中虚假兼职类诈骗在数量以及金额上均为最高，相较于传统以"电商刷单返利"为噱头的虚假兼职，今年的兼职更多以包装后的公益项目（实为博彩）为主，任务速度快、投入成本高、受骗金额高，因此对于受害人来说迷惑性更强，识别难度更大。

从被骗网民的年龄分布来看，90 后手机诈骗受害者占所有受害者总数的 41.3%，作为互联网原住民的"Z 世代"青年，已逐渐成为最容易被网络诈骗

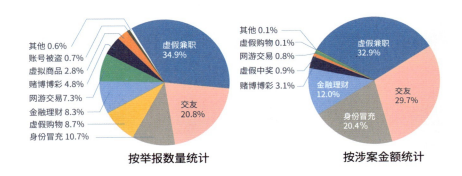

图7-10　2022年上半年手机诈骗举报类型分布

套路的一大群体，诈骗分子正逐步把目标转向熟悉互联网但风险防范意识较差的年轻学生群体。00 后接触网络时间长、程度深，但由于缺少社会经验，对各类网络信息的甄别能力较弱，更容易掉入专业诈骗团伙设置的圈套。虚假兼职类诈骗是他们受骗最多的类型，诈骗分子正是瞄准其初入社会、没有稳定经济来源、想赚钱的心理，诱惑他们步步落入陷阱。

报告显示，2022 年上半年，360 安全大脑共截获移动端新增恶意程序样本约1080 万个（图 7-11），平均每天截获新增手机恶意程序样本约 6.0 万个。

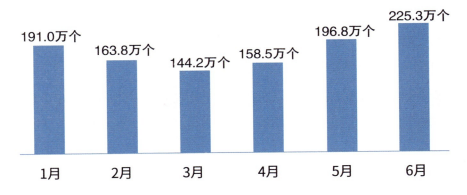

图7-11　2022年上半年移动端各月新增恶意程序样本量

在 360 安全大脑的支撑下，360 手机卫士累计为全国手机用户拦截恶意程序攻击约 63.6 亿次（图 7-12），平均每天拦截手机恶意程序攻击约 3513.8 万次；拦截各类垃圾短信约 52.3 亿条，平均每日拦截垃圾短信约 2891.9 万条。

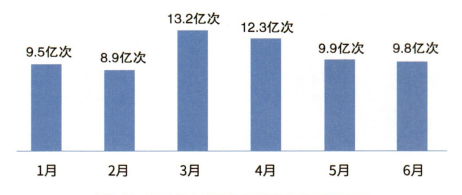

图7-12　2022年上半年移动端各月恶意程序拦截量

360 手机卫士安全攻防团队，通过对涉诈网址、应用的攻防手段进行分析后发现，为东南亚线上博彩平台提供技术、支付通道的境外博彩联盟、中国某地区 B**N 集团，以及针对中国大陆企业进行精准邮件钓鱼的缅北魔方 G 团伙，是当前最为猖獗的三大黑灰产组织。这些组织是诈骗产业上游技术供应链，危害巨大，但是由于其使用的攻击行为隐蔽在"合法"的行为中，让安全防护、识别难度骤增。为此，360 安全大脑不断提升针对移动互联网恶意程序的识别收录能力，截获的移动端新增恶意程序同比有着显著提升，为移动互联网的健康有序发展提供了强有力的技术支持。

此外，360 以大数据、知识库和技术分析能力为基础，以 360 安全大脑的高效赋能为依托，我们构建了一套基于 360 大数据关联分析技术的电信网络诈骗监测预警反制实战系统。在该实战系统的支撑下，360 提出了"打防并举"的实战理念，建立了"打、防、管、控、宣、培"为一体的打击新型网络犯罪体系，着力推动多方共治、精准打击、反诈闭环体系的落地。

7.6 360 模式探索出数字安全中国方案

现在世界上最强大的安全公司都是 To C 出身的，美国最牛的安全公司已经变成了微软，俄罗斯的是卡巴斯基，这些公司有什么共性呢？那就是拥有海量的数据，所以他们有全网云端数据和大数据分析能力，不堆砌产品，而是以服务的形式提供安全能力。我认为这个是代表了安全未来的方向，在中国甚至在全球，第一个走这条路的正是 360。

360 安全服务的第一个大客户就是国家，当我们积累了海量终端优势、云端分析的优势、大数据和人工智能分析优势之后，我们发现这套体系最大的价值就是服务国家，帮助国家感知风险、看见威胁、抵御攻击，从 To C（面向消费者）到 To N（面向国家），我们希望把 360 打造成一家顶天立地的公司。

To N 就是面向国家服务，99% 的国家级网络攻击，面向中国的网络攻击都是由 360 独立发现的，我们相当于帮助国家解决了这样一个"看不见"的"卡脖子"问题，打造了数字空间的"预警机"和"雷达"，所以我经常说 360 从 To C 到 To N 再到 To B，可能最开始是无心插柳，现在看来是安全行业的必然。

进入数字文明时代之后，传统产业、政府和城市是数字化的主角，360 将专注安全，以数字安全服务助力数字中国建设，我们制定了"上山下海助小微"战略。上山是指上科技高山，集中精力帮助国家解决数字安全上的"卡脖子"问题，继续为国家战略提供支撑；下海是下数字化蓝海，我们把服务国家的能力框架提炼出来复制给城市，复制给各行各业，包括用软件运营服务免费输出给中小微企业使用，助力产业数字化发展。

我给自己定了一个目标，让上百万的中小微企业同样能够享受国家级数字安全服务，希望未来在数字化的各个场景里面 360 全网数字安全框架都可以成为底座和盔甲，变成数字空间里面的"预警机"和"雷达"，能够看见敌人的隐身飞机和巡航导弹，无论用什么样的数字化系统，360 都希望能够通过服务的方式帮你实现感知风险、看见威胁、抵御攻击。

安全的流派很多，360 这套方案行不行需要交叉验证。从全球来看，微软和 360 走的都是同样的免费安全的路，微软甚至做了一个安全管家，通过免费安全把全球终端里面的安全大数据全部拿到了自己手里，使得他们有了全球全网安全态势，有了真正的态势感知能力。我们现在很多单位都在做态势感知，大家把大屏做得非常漂亮，功能做得非常齐整，但是态势感知的核心在于有没有全网、全维度大数据，没有大数据，系统的功能做得再好也是"看不见"的。所以在过去，我们的安全公司、安全行业很多模式也是借鉴美国同行，觉得他们比较领先，复制到中国。但是未来，从 copy to China（复制到中国）到 copy from China（从中国复制），360 探索出数字安全的中国方案，应该代表了未来的方向。

"看见"，是数字时代安全体系的核心。"看见"和处置是一体之两面，首先要"看见"，"看见"之后还要能快速处置。360 以"看见"为核心的数字安全大脑框架能够以不变应万变，只要探针足够多、数据分析能力足够强，就能够应对各种已知和未知的威胁，适用各种新的数字化场景。

未来，安全行业与客户的交互方式也会改变。过去是一锤子买卖的"卖药"模式，未来一定是"数字安全医院"的服务模式。安全绝不是靠卖几个产品就可以高枕无忧，而是以服务的方式真正满足客户需求，360 将全面拥抱服务化战略，提供 XaaS 化（一切皆服务）的安全服务。